人人伽利略系列18

超弦理論與
支配宇宙萬物的數學式

人 人 出 版

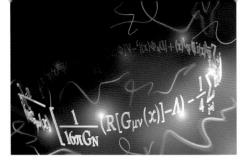

人人伽利略系列 18

超弦理論與
支配宇宙萬物的數學式

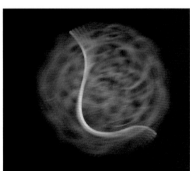

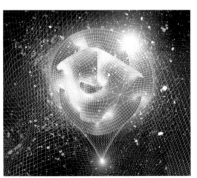

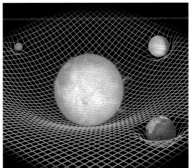

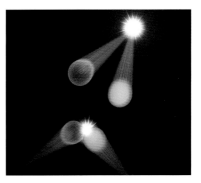

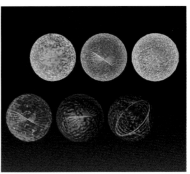

1

超弦理論入門

協助　橋本幸士

根據超弦理論（superstring theory）的說法，所有物質不斷切割，最終會得到最小單元「弦」（string）。雖然超弦理論是尚未完成的理論，然而它也具備了現代物理學家戮力追求之「終極理論」的可能性。一旦該理論完成，連宇宙誕生之謎都可望獲得解答。再者，倘若基本粒子是弦的話，那麼這個世界極有可能是「9維空間」。接下來，讓我們進入以弦為主角，神奇的最尖端物理世界吧！

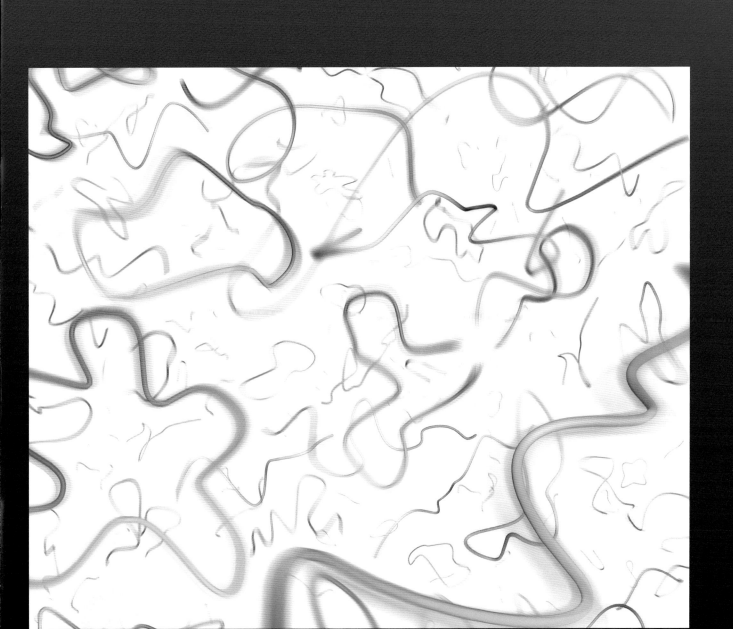

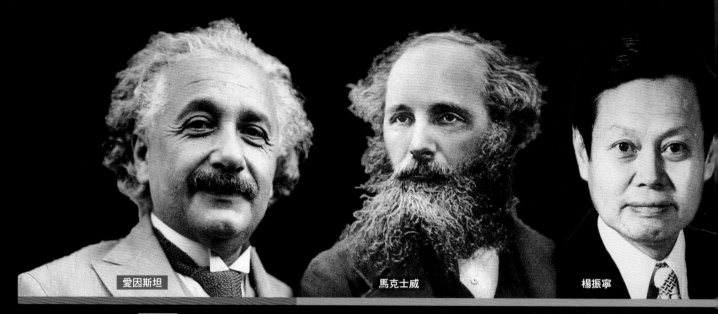

愛因斯坦　　　　馬克士威　　　　楊振寧

重力　　　　　　　　電磁力、弱力、強力

$$S = \int d^4x \sqrt{-\det G_{\mu\nu}(x)} \left[\frac{1}{16\pi G_N} (R[G_{\mu\nu}(x)] - \Lambda) - \frac{1}{4} \sum_{i=1}^{3} \mathrm{tr}(F_{\mu\nu}^{(i)}(x))^2 \right]$$

重力項　　　　　　　　　　　　　電磁力、弱力、強力項

表達世界一切事物的數學式

弦理論研究者，日本大阪大學的橋本幸士教授表示：「**該算式是『記述世界一切事物的數學式』**」。上面的數學式是用來計算物質的「最小零件」——基本粒子的性質、基本粒子間之作用力等的算式。「**理論上，只要這麼一個公式，從宇宙現象、人類到原子，都能夠計算出來**」（橋本教授）。

上面的數學式組合了天才物理學家們所闡明的自然法則。「**正確理解自然現象等同於能夠寫出**可**正確記述該現象的數學式**」（橋本教授）。

公式中各符號的意義將在第 3 章介紹，在此我們不須詳細理解該公式的內容，只需來「鑑賞」偉大先人們的智慧結晶。

愛因斯坦（Albert Einstein，1879～1955）根據廣義相對論（general relativity）成功寫出可說明「**重力**」（gravity）的公式。而馬克士威（James Clerk Maxwell，1831～1879）則能說明「**電磁力**」（electromagnetic force），楊

鑑賞天才物理學家們所闡明的自然法則

下面式子稱為「基本粒子標準模型的作用量」，是由用以計算重力、電磁力等在自然界中作用之各種力的函數所組成。又，在計算微觀世界的原子與基本粒子間之作用力時，因為重力十分微小，基本上可以忽略不計（幾乎與計算結果無關），所以計算時不考慮重力項。換句話說，實際使用此算式時，可因應狀況僅使用相關的項目。

狄拉克　南部陽一郎　希格斯　湯川秀樹

物質的粒子與反粒子　　對稱破缺　　湯川耦合

$$+\sum_f \overline{\psi}^f(x)\,i\,\slashed{D}\,\psi^f(x) + |D_\mu \Phi(x)|^2 - V[\Phi(x)] + \sum_{g,h} y_{gh}\Phi(x)\overline{\psi}^g(x)\psi^h(x)\Big]$$

物質粒子與反粒子項　　對稱破缺項　　湯川耦合項

振寧（Chen-Ning Franklin Yang，1922〜）等人則對「弱力」（weak interaction）[※]和「強力」（strong interaction）[※]有明確的說明。

狄拉克（Paul Adrien Maurice Dirac，1902〜1984）等人闡明了「反粒子（反物質）」[※]的性質，南部陽一郎（Yoichiro Nambu，1921〜2015）和希格斯（Peter Ware Higgs，1929〜）等人成功地說明了基本粒子的「對稱破缺」（symmetry breaking）[※]現象。另外，湯川秀樹（Hideki Yukawa，1907〜1981）等人闡明「湯川耦合」（Yukawa interaction）[※]這種力的作用。

不過，該數學式並不完全。橋本教授表示：「超弦理論是蘊藏著可能解決該『記述世界一切事物之數學式』所涵蓋問題的物理學理論。」

※：弱力是引發構成原子核之中子轉變為質子之反應（β衰變）的力。強力是使原子核中的質子與中子結合在一起的力，這二種力都是在極近距離才能發生作用。所謂反粒子（antiparticle）就是跟一般粒子（物質）所帶電荷正負相反的粒子。對稱破缺的對稱，意味著例如上面式子中的函數即使帶入正相反的值（x→−x），算式也能成立。所謂對稱破缺就是無法保持對稱性。湯川耦合係指與原子核內部質子與中子之結合，或是與使基本粒子產生質量之反應相關的力。

7

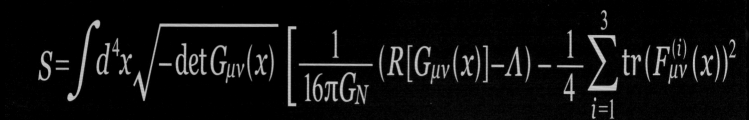

$$S = \int d^4x \sqrt{-\det G_{\mu\nu}(x)} \left[\frac{1}{16\pi G_N} \left(R[G_{\mu\nu}(x)] - \Lambda \right) - \frac{1}{4} \sum_{i=1}^{3} \mathrm{tr}\,(F_{\mu\nu}^{(i)}(x))^2 \right.$$

上面數學式無法說明的現象事例：暗物質

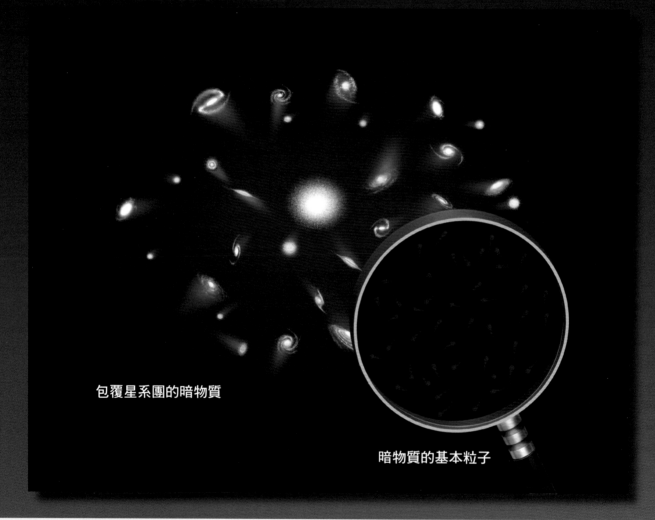

包覆星系團的暗物質

暗物質的基本粒子

數學式出現必須修正的部分

上面這個能「記述世界一切事物的數學式」可說是集現代物理學之大成，但是這個算式還不完全。

「目前科學家已經發現整個宇宙之中充滿了

$$+\sum_{f}\overline{\psi}^f(x)i\rlap{/}{D}\psi^f(x)+|D_\mu\Phi(x)|^2-V[\Phi(x)]+\sum_{g,h}y_{gh}\Phi(x)\overline{\psi}^g(x)\psi^h(x)\Big]$$

上面數學式無法說明的現象事例：宇宙之始

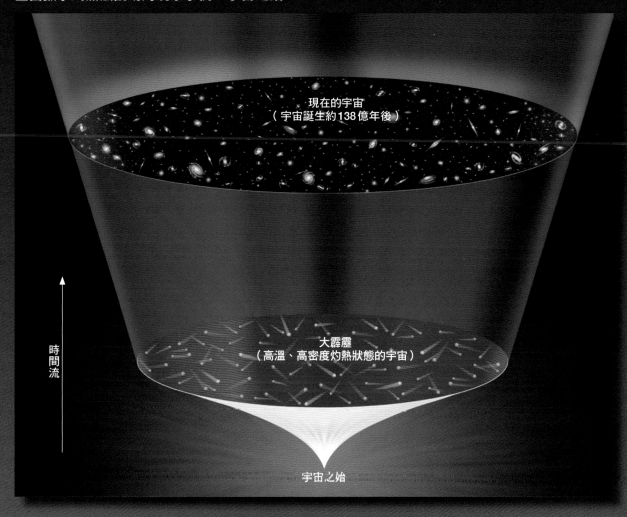

現在的宇宙
（宇宙誕生約138億年後）

時間流

大霹靂
（高溫、高密度灼熱狀態的宇宙）

宇宙之始

『暗物質』（dark matter）等在這個數學式中無法說明的現象。若欲說明這些現象，則需要加入新項等修正此算式才行。而蘊藏這種可能性的理論就是超弦理論」（橋本教授）。

再者，橋本教授表示：「一旦完成超弦理論，或許我們就能知道宇宙是如何誕生的」。現在科學家認為宇宙是始於龐大的物質（基本粒子）封閉在非常狹窄的區域內，形成高溫、高密度的狀態。而上面的數學式也無法完全說明處於這樣極限狀態的宇宙。

物質的「最小零件」就是「弦」

「一言以蔽之,所謂超弦理論就是認為物質的『最小零件』──基本粒子並非大小為零的『點』,而是具有長度的『弦』的理論」(橋本教授)。

將物質不斷地分割,最終可以分割成氫、碳等原子。而原子又是由原子核和電子所組成,原子核又是質子和中子的集合(不過,氫原子核只有質子)。而我們知道,質子和中子又是由上夸克和下夸克所組成。**現階段,科學家認**為上夸克、下夸克和電子都是無法再分割的粒子。也就是說,它們是物質的「最小零件」,被稱為基本粒子(elementary particle)。

迄今為止,除了上夸克、下夸克、電子外,還發現了光的基本粒子「光子」(photon)、賦與質量的基本粒子「希格斯粒子」(Higgs particle)等總共**17種基本粒子**[※]。由於科學家預言還有多種尚未發現的基本粒子,因此未來基本粒子的種類可能還會增加。

世界是由弦所構成的?

插圖所繪為超弦理論的世界觀,認為基本粒子的本質就是振盪的弦。該理論認為形成我們人體的物質如果分割到無法再分割的程度的話,也是由弦所形成。此外,就連光子(光的基本粒子)等非構成物質的基本粒子也是由弦所形成。換句話說,若進一步追究的話,世界的一切事物是由弦所構成。

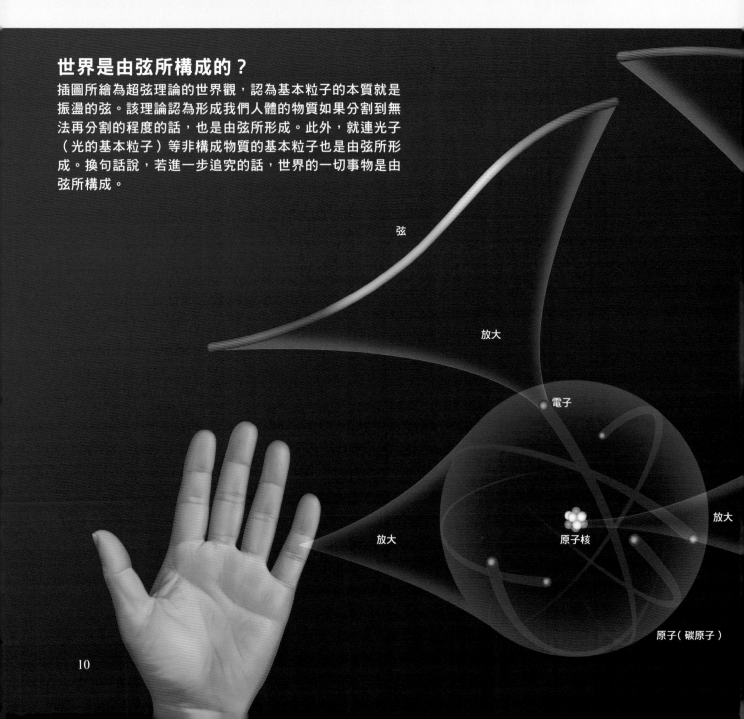

弦

放大

電子

放大

原子核

放大

原子(碳原子)

弦的振盪方式不同就成為不同種類的基本粒子

超弦理論認為,這些基本粒子的本尊也就是「弦」。相對於目前已知的基本粒子種類有17種,「**超弦理論認為弦只有1種**」(橋本教授)。

科學家認為弦會振盪,因為振盪方式等的不同,呈現出來就是不同種類的基本粒子。就像小提琴弦的振盪方式不同,就會發出各種不同的聲音一樣,儘管弦只有1種,但是振盪方式不同,就呈現構成世界的各種不同種類的基本粒子。

又,超弦理論還是在研究過程中的未完成理論。橋本教授表示「**目前尚未發現基本粒子是由弦所構成的證據**」。現在還無法確認超弦理論是正確理論,世界是由微弦所構成。總而言之,超弦理論是蘊含著解決既有物理學各種問題之可能性的理論,而科學家們正在戮力進行研究。

※:目前已確認構成物質的基本粒子有夸克家族的成員(上夸克等)共6種,輕子(lepton)家族的成員(電子等)也有6種。傳遞力的基本粒子有光子等共4種。另外,還有賦與質量的基本粒子1種,就是希格斯粒子。關於已發現的17種基本粒子,我們將在第19頁介紹。

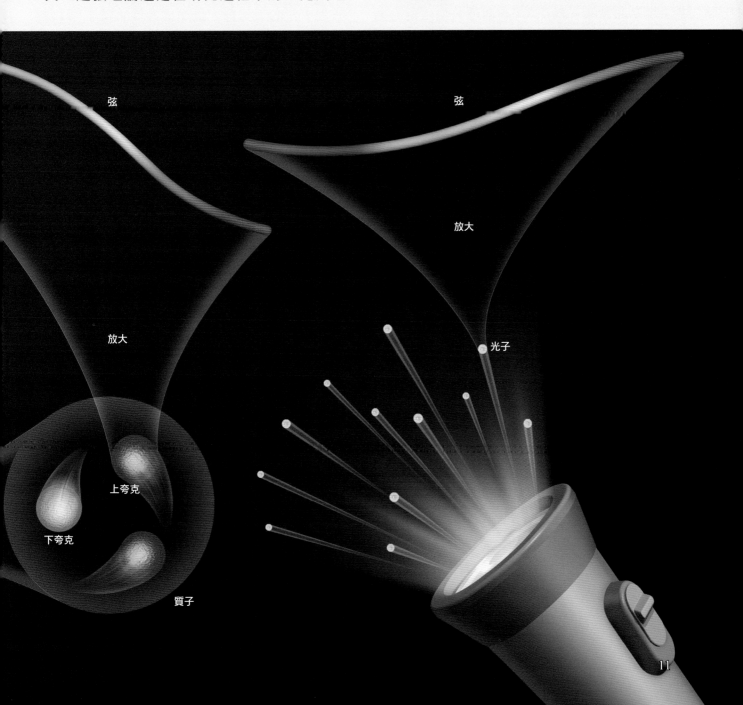

弦

弦

放大

放大

光子

上夸克

下夸克

質子

弦會伸縮，也會切斷或連接

在這裡，首先讓我們來詳細認識超弦理論的「主角」——弦。

在我們所生活的世界中，可以看到由塑膠、橡膠、布等各種不同材質製造出來的線。而超弦理論的弦究竟是由什麼材質製成的呢？橋本教授表示：「超弦理論之弦的素材『不明』」。舉例來說，將鑽石不斷地分割，最後會得到碳（碳原子），所以我們可以說鑽石的素材（原料）是碳原子。而碳原子的素材可以說就是質子、中子和電子。然而，「**有關這些無法再分割**的電子等基本粒子，我們沒有必要去探討它的原料是什麼」（橋本教授）。因為「基本粒子＝弦」，所以也沒有必要探討弦的素材為何。

弦的長度究竟有多長呢？「**無疑的，弦的長度是以現今技術無法觀測的小。理論上，弦的長度可能是在** 10^{-35} ～ 10^{-33} **公尺的範圍內，不過確實如何仍不得而知**」（橋本教授）。原子的直徑大約是 10^{-10}（1000萬分之1毫米），也就是說微弦的長度是原子直徑的1兆分之1再1兆分之1左右。另外，橋本教授接著說：「科學家

弦的神奇性質

插圖所示為超弦理論中，弦的長度、粗細、伸縮性等基本性質。科學家從弦會「斷裂」和「連接」而認為有「開弦」（open string）和「閉弦」（closed string）二種狀態。

弦易斷裂（或者易連接）的程度稱為「耦合常數」（coupling constant）。不過，目前尚不清楚弦的耦合常數大小。

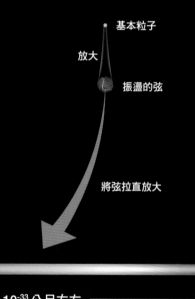

基本粒子

放大

振盪的弦

將弦拉直放大

沒有粗細

零

長度為 10^{-35} ～ 10^{-33} 公尺左右

伸縮

認為弦應該沒有粗細」。報導中，所繪插圖為了效果，將弦著上顏色並且有粗細，實際上弦沒有顏色也沒有粗細。

儘管弦只有1種，但是有二種狀態

　　科學家認為超弦理論的弦會伸縮，不過伸縮方式似乎與我們一般認識的橡膠的伸縮方式大為不同。「當我們抓住橡皮筋的兩端往外拉時，最後會變得很難再往外拉了。換句話說，隨著橡皮筋的拉張，張力（企圖恢復原狀的力）會越來越強。相對的，超弦理論的弦張力一直保持一定。倘若以超過張力的力來拉時，弦會一直拉伸」（橋本教授）。

　　然而，弦並非可以無限拉伸。「當拉伸到一定程度以上時，弦會斷裂，一分為二，不過，目前仍然不清楚容易斷裂的程度究竟為何」（橋本教授）。

　　另外，弦會「斷裂」，相反的，二條弦也會「連接」。而連接不是二條弦黏附在一起，乃是弦的兩端彼此相連，形成圓圈（環狀）。因此，科學家認為超弦理論的弦有二種狀態，一種是打開狀態（也就是弦），另一種是封閉狀態（環）。

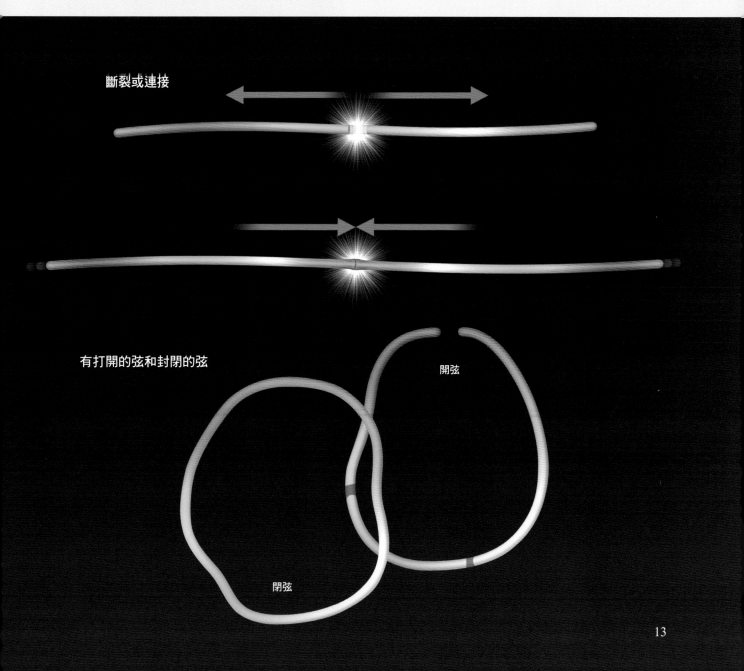

斷裂或連接

有打開的弦和封閉的弦

開弦

閉弦

弦的斷裂意味著基本粒子的放出

　　本插圖是以 2 種表現方式繪出電子吸收光子（上）與電子放出光子（下）的情形。光的基本粒子「光子」也是傳遞電磁力的基本粒子。因此，本插圖係截取電子藉由光子將電磁力傳遞給周圍基本粒子之場景的一部分。

　　左邊以「球」來表現基本粒子。右邊是在相同反應中，以「微弦」來表現基本粒子。光子的釋出可用微弦一分為二的情形來表現。若基本粒子（微弦）的行進方向反過來的話，表示光子被電子吸收了（二弦變為一弦）。

光子的吸收

光子的吸收

光子的釋放

光子的釋放

以微弦表現基本粒子的反應

二弦連接成一弦，對應某基本粒子被其他基本粒子吸收的反應。相反地，一弦分為二弦，則對應某基本粒子釋放出其他基本粒子的反應。

光子的吸收

光子

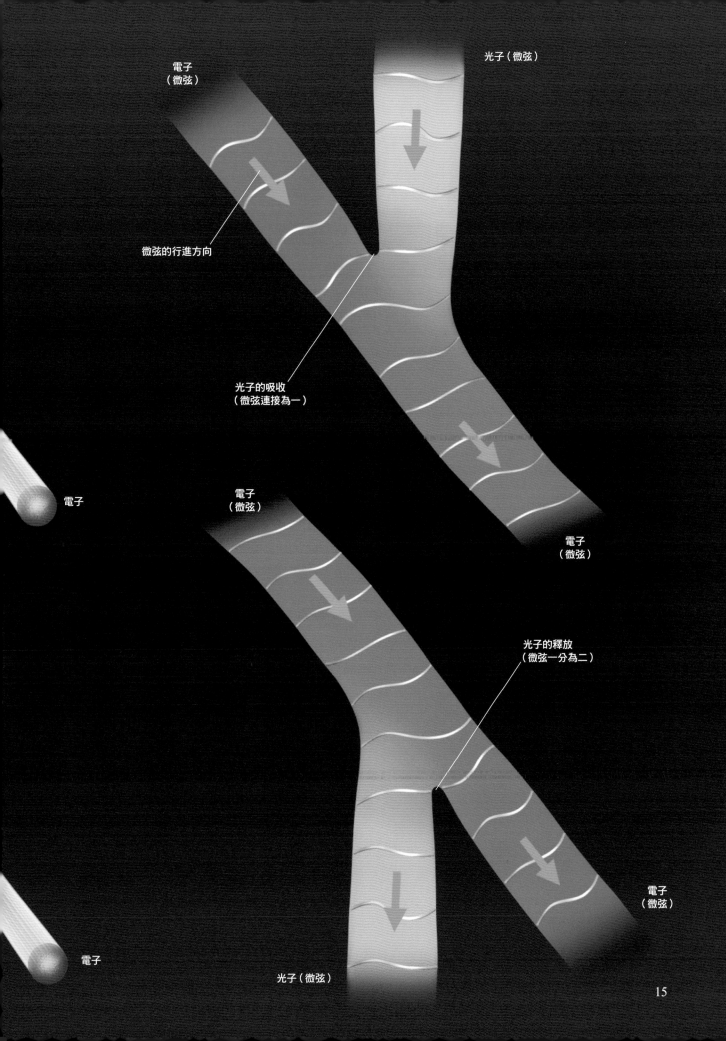

電子
（微弦）

光子（微弦）

微弦的行進方向

光子的吸收
（微弦連接為一）

電子

電子
（微弦）

電子
（微弦）

光子的釋放
（微弦一分為二）

電子

電子
（微弦）

光子（微弦）

光子（微弦）

弦一直都在高速振盪中！

橋本教授表示：「科學家認為弦（微弦）1秒鐘大約振盪10^{42}次以上」。因1秒鐘的振盪次數（頻率）可用赫茲（Hertz，簡寫為Hz）這個單位來表示，故可以說弦的振盪數為10^{42}Hz以上。再者，「開弦端點部分的振盪速度最高可達光速」（橋本教授）。所謂光速就是光在真空中的行進速度，每秒約30萬公里，這是自然界的最高速度。

弦（微弦）「不斷地振盪」，該現象可說是弦的最重要特徵。因為超弦理論認為弦的振盪方式不同，就會呈現出不同的性質。也就是說1種弦，因為振盪方式的不同，看起來就是電子、光子這些具有不同性質的基本粒子。

微弦承受令人意想不到之強的張力

科學家認為超弦理論中的微弦，其振盪方式看起來是波峰與波谷在原地上下振盪的「**駐波**」（standing wave），請參考下面插圖。駐

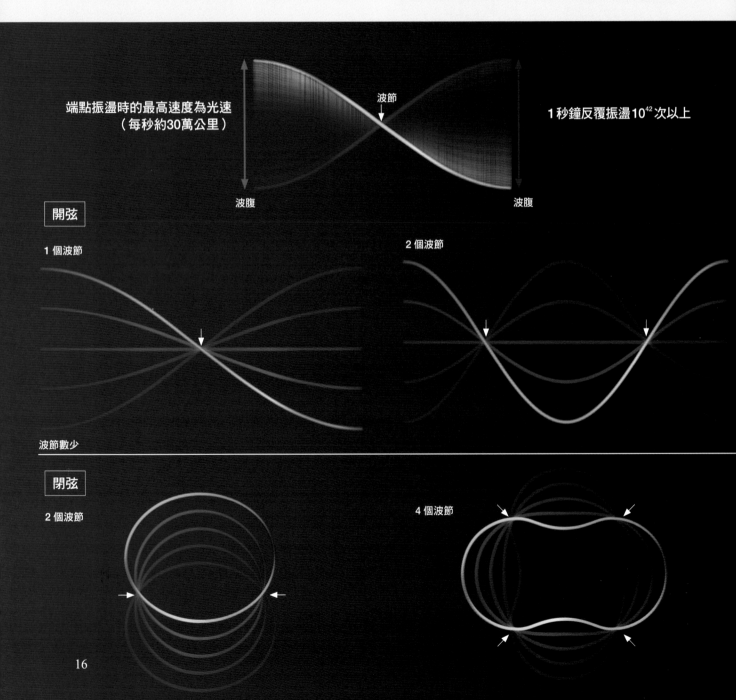

端點振盪時的最高速度為光速（每秒約30萬公里）

波節

波腹

1秒鐘反覆振盪10^{42}次以上

波腹

開弦

1 個波節

2 個波節

波節數少

閉弦

2 個波節

4 個波節

波有振幅為零的「波節」（也稱節點，node）以及波峰（或是波谷）的頂點（振幅最大的點）——波腹（antinode）。當波節和波腹的數目增加時，振盪的方式就會不同。此外，開弦和閉弦的振盪方式是不同的。

不僅是超弦理論的弦，即便是我們所能看到的弦，也是拉得越緊（張力越強），振盪（振動）速率越快（頻率變大）。我們都知道吉他是弦拉得越緊，彈奏出來的聲音就越高（振動頻率大的聲音）。此外，弦越短、越細，越是高速振動。

「研究者認為超弦理論的弦承受了10^{40}牛頓以上的張力」（橋本教授）。牛頓（N）是力的單位，1牛頓是1個大約102公克的物體在地表所受到的地球引力（重力）。10^{40}牛頓是作用於102公克物體之地球引力的1兆倍的1兆倍的1兆倍再1萬倍，是大到很難想像的力。微弦承受到令人意想不到之強的張力。

微弦之小以現代技術無法觀測得到，而且微弦沒有粗細，並承受極強大張力，以猛烈的高速振盪。這就是超弦理論所展現的超弦形貌。

開弦與閉弦的振盪方式不同

插圖所繪為微弦的基本振盪模式。微弦的振盪會出現如「駐波」般的波動，一般的波是波峰與波谷移動，但是駐波的波峰與波谷則一直處在原地而不會移動。開弦的端點如駐波的「波腹」般振盪。另一方面，閉弦的一圈剛好包括數目相同的波峰與波谷（1圈為1波長的整數倍）般振盪。決定微弦振盪的要素基本上有二個，就是「波節數」和「振盪的大小」（振幅）。

微弦端點的振盪速率最大可達光速（每秒約30萬公里），該速率與整個弦（基本粒子）的移動速率有別。此外，科學家認為實際的弦在9維空間中更複雜地振盪（詳情請看26～29頁），在此為了容易表現起見，將振盪情形單純化呈現。

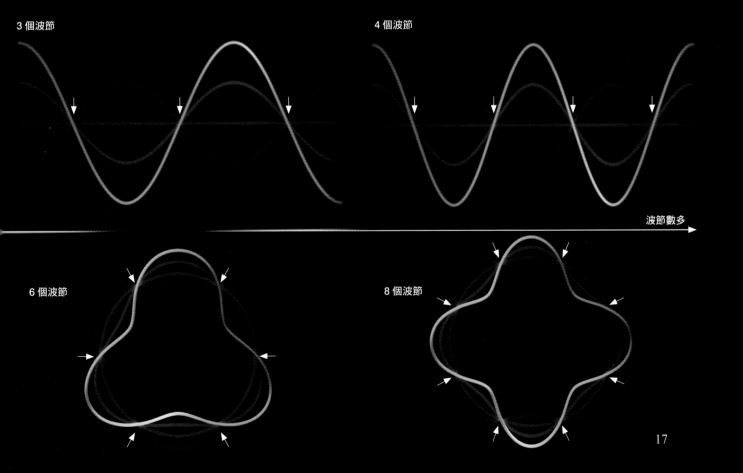

3個波節

4個波節

波節數多

6個波節

8個波節

17

弦的振盪越劇烈，就會成為質量越大的基本粒子

橋本教授說明道：「弦振盪得越劇烈，就會成為質量大的基本粒子」。波峰與波谷數越多（波節與波腹多）的振盪，可以說就是越劇烈的振盪。想要劇烈振盪，就必須有提供劇烈振盪的能量。「根據相對論的說法，能量與質量在本質上是相同的東西[※]，因此，劇烈振盪中的弦擁有較大的能量，亦即擁有較大的質量（重）」（橋本教授）。又，「科學家認為弦本身並不具質量，是因為振盪才產生質量的」（橋本教授）。

「由於科學家認為波峰與波谷數可任意多，也就是弦的振盪狀態有無限多種，所以超弦理論認為存在著無限多種的基本粒子」橋本教授如此表示。截至目前為止，人類僅發現17種基本粒子，而且發現到的基本粒子都是質量比較小的（輕的）。一般而言，質量越重的基本粒子越難以發現。或許未來我們也可以發現超弦理論所預言無數多種的大質量基本粒子（劇烈振盪的弦）。

※：從相對論推導出「$E=mc^2$」這個關係式。此關係式意味著左邊的 E（能量）與右邊的 m（質量）在本質上是相同的。又，c 是光在真空中的速率（每秒約30萬公里），是常數。

只發現到「平緩振盪的弦」？

越上方的基本粒子越輕（質量越小），質量單位為MeV（百萬電子伏特）。目前已發現的17種基本粒子都是質量比較輕者。亦即，僅以平緩（不劇烈）振盪之弦的形式呈現的基本粒子。超弦理論預言有無數多種以劇烈振盪之弦的形式呈現的大質量基本粒子，然而這些大質量基本粒子是否真的存在，目前仍不得而知。

傳遞力的基本粒子家族

質量輕（弦的振盪平緩）

光子
質量：零
電荷：零

膠子
質量：零
電荷：零

重力子
質量：零
電荷：零
（未發現）

W 粒子
質量：約80,385
電荷：+1，−1

Z 粒子
質量：約91,188
電荷：零

希格斯粒子
質量：約125,090
電荷：零

質量重（弦的振盪劇烈）

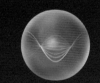

未發現的基本粒子

上夸克
質量：約2.3
電荷：＋2/3

奇夸克
質量：約95
電荷：－1/3

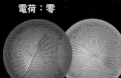

電子微中子
質量：幾乎為零
電荷：零

濤子微中子
質量：幾乎為零
電荷：零

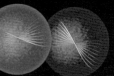

渺子
質量：約106
電荷：－1

魅夸克
質量：約1,275
電荷：＋2/3

下夸克
質量：約4.8
電荷：－1/3

底夸克
質量：約4,180
電荷：－1/3

渺子微中子
質量：幾乎為零
電荷：零

電子
質量：約0.5
電荷：－1

濤子
質量：約1,777
電荷：－1

分類1	分類2	基本粒子名稱	質量（MeV）	電荷（所帶電荷）
傳遞力的 基本粒子家族	－	光子	零	零
		W粒子	約80,385	＋1，－1
		Z粒子	約91,188	零
		膠子	零	零
		希格斯粒子	約125,090	零
		重力子（未發現）	零	零
構成物質的基本 粒子家族	夸克	上夸克	約2.3	＋2/3
		魅夸克	約1,275	＋2/3
		頂夸克	約173,210	＋2/3
		下夸克	約4.8	－1/3
		奇夸克	約95	－1/3
		底夸克	約4,180	－1/3
	輕子	電子微中子	幾乎為零	零
		渺子微中子	幾乎為零	零
		濤子微中子	幾乎為零	零
		電子	約0.5	－1
		渺子	約106	－1
		濤子	約1,777	－1

註：MeV本來是能量的單位，不過也用來作為基本粒子的質量單位。

頂夸克
質量：約173,210
電荷：＋2/3

光子是開弦，重力子是閉弦

　　研究者認為由於開弦與閉弦的振盪方式不同，所以分別對應的基本粒子也不一樣。電子、光子等已發現的17種基本粒子，基本上所呈現的形式是開弦[※]。另一方面，**科學家認為尚未發現的「重力子」（傳遞重力的基本粒子）則是閉弦。**

　　在插圖中，我們無法正確地繪出與電子、光子等對應的弦振盪狀態，因為弦的振盪並不僅只是在3維的空間（僅有長、寬、高的空間）。**科學家認為弦是在9維空間中振盪，因為是在**我們所無法認識的高維空間中振盪，所以插圖中想要正確表現弦的振盪是不可能的任務。

[※]：超弦理論中，理論上所有的基本粒子皆可以閉弦來表現。另一方面，僅以開弦無法表現所有的基本粒子。這是因為開弦的兩端彼此相連，一定會產生閉弦的緣故。

🪐為何光子的質量為零呢？

弦振盪的能量成為基本粒子的質量。因為弦一直都在振盪，所以科學家認為不管是多麼平緩的振盪，多少都會產生一些能量（質量）。然而，為什麼光子等幾種基本粒子的質量卻為零呢？

　這是因為根據量子力學來思考並計算出振盪弦的能量（質量），竟然發現有些結果產生負能量，其合計為零的情況發生之故。科學家認為弦是在高維空間中振盪（請參考26～29頁）。在現階段，科學家已經知道當弦在9維空間中振盪時，能量的合計剛好為零，所以光子等的質量為零。

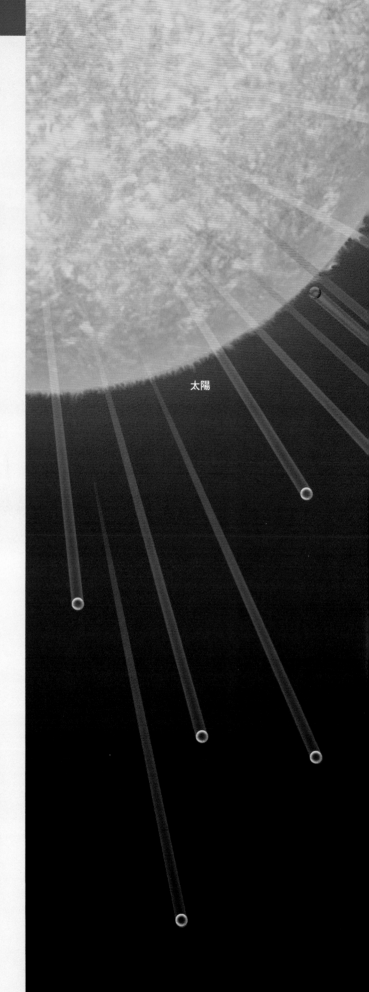

太陽

光子

電子

上夸克

地球

原子

質子

重力子

已發現的基本粒子皆為「開弦」

根據超弦理論的說法，目前已發現的17種基本粒子，全部都能以開弦來表現。另一方面，研究者認為傳遞重力的基本粒子「重力子」則是振盪的閉弦。又，重力子是尚未發現的基本粒子。

弦可以突破認為基本粒子是點時的「界限」

為什麼必須將基本粒子想成是「弦」呢？在這裡，讓我們回顧一下超弦理論誕生的過程吧！

基本粒子是否有「大小」呢？

過去物理學傳統上會將物質的最基本單元「基本粒子」視為不具大小（不占有空間）的「點」。但是從19世紀後半開始，就有科學家提出倘若基本粒子是不具大小的「點」，那麼在物理學的計算中就會出現問題。舉例來說，在計算上，會有「施加在電子上面的電磁力無限大」的問題。

基本粒子之一的電子帶有負電荷，倘若周圍有帶正電的粒子就會相吸；相反地，若有帶負電的粒子就會相斥。像這種存在於電荷之間的作用力稱為「電磁力」。二物體間的距離越近，電磁力越強。

科學家認為，其實電子的電磁力作用不僅及於周圍物質，就連發出電磁力的自己本身也受到該作用的影響。倘若電子是不具大小的點，那麼就與電磁力發生源的自己本身的距離為零。這意味著與力發生源的距離可以一直接近到極限，計算上就會產生強度無限大的電磁力。

如果有無限大的電磁力施加在電子身上的話，結果電子就擁有無限大的能量（＝質量無限大）。質量無限大的物體因為太重，根本無法離開原地。倘若電子無法移動的話，電就無法流動，而現實上並沒有這樣的情況發生。換句話說，若將電子（基本粒子）視為點，在理論與現實之間就會產生矛盾。

如果電子（基本粒子）具有大小，就不會有這樣的矛盾產生。不過，若將之想成是具有一定大小的「球」，則會產生另外的矛盾。

因此，1940年代有研究者提出了就算基本粒子是不具有大小的點，也不會出現矛盾的計算方法，這就是日本的科學家朝永振一郎（1906～1979）等人所思考出來的「重整理論」（renormalization theory）。該理論相當困難，在此我們就不詳細說明了。**若使用該理論，就算基本粒子是不具大小的點，在計算上也不會產生矛盾，能夠完美說明基本粒子的性質，而不會與現實格格不入。**

南部博士所倡議的「弦」理論

1960年代後半，有科學家提出想法，該想法成為後來超弦理論的原型。這就是日本的南部陽一郎（右上照片）所提出「強子弦模型」。1960年代，因為實驗裝置的發達，陸續發現形形色色名為「強子」（hadron）的粒子。現在，已經闡明強子的真正身分就

在帶電粒子之間有電磁力的作用

在電子等帶電粒子周圍，倘若有同樣帶著電荷的粒子，若是所帶正負電荷相同，就會產生斥力，若是電荷相反的話，就會產生引力，此稱為電磁力。粒子間的距離越近，電磁力就越強（越遠就越弱）。

根據南部博士之強子弦模型描繪的質子與介子

弦

弦

質子

介子

根據最新理論描繪的質子與介子

膠子
（結合夸克的
基本粒子）

下夸克

反下夸克
（電荷相反，質量與
下夸克相同的粒子）

膠子
（結合夸克的
基本粒子）

上夸克

上夸克

質子

介子
（註：以 π^+ 為例）

南部陽一郎（1921～2015）
1952年獲得東京大學博士學位
（理學博士），同年赴美。1958
年擔任芝加哥大學教授，1961
年發表有關「自發對稱破缺」
論文，因為這方面的成就而獲
頒2008年的諾貝爾物理學獎。

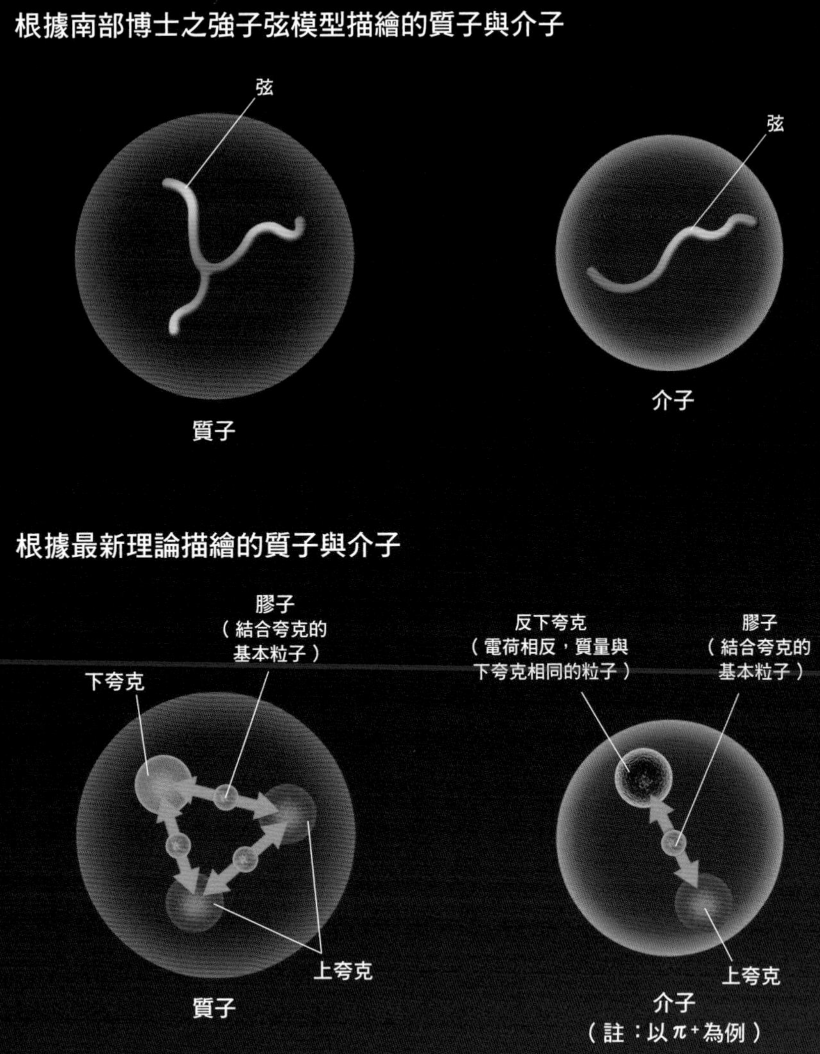

弦的發想是南部理論的原點
在1960年代，已經知道有與質子一樣同屬強子家族的成員「介子」（meson）存在。上半部是根據南部博士等人的「強子弦模型」所繪的質子與介子。現在，我們已經知道這些粒子是由夸克和膠子等基本粒子所組成（下半部）。

是由多種基本粒子（夸克）結合而成的粒子
（複合粒子）。舉例來說，構成原子核要素之
一的質子就是由3個夸克結合而成的，所以是
一種強子。不過，當時的人認為強子也是無
法再進一步分割的基本粒子。

在諸多科學家之中，**南部陽一郎倡議各種
強子的真正身分是1種弦的理論（強子弦模
型）**。他認為強子不是點，而是一種具有長度
的弦，因為振盪方式的不同，所以看起來就
成了不同種類的強子。

由於南部所提出的理論在某種程度上可以
說明強子的性質，而頗獲矚目。但是，後來
出現認為強子是由多種基本粒子結合而成的
理論（量子色動力學），並且獲得相當大的成
功，因此接受「粒子是弦」這種想法的研究
者減少，「弦」研究也跟著衰退了。

認為基本粒子是點時的「界限」

因為重整理論的出現，讓基本粒子即使是
不具大小的點，也不會產生理論上的矛盾。

於是，**基本粒子物理學在「基本粒子＝點」的前提下，有長足的發展。**

1970年代，現在之基本粒子物理學的基本架構「標準理論」（也稱標準模型，Standard Model）完成了。前面第6頁中介紹的「記述世界一切事物的數學式」就是標準理論的算式。標準理論能夠完美說明基本粒子的性質和各種實驗結果。標準理論成為能夠正確表現自然界之根源性規則的理論而獲得極大的成功。

然而，**時間邁入1980年代，科學家們開始發現標準理論的「界限」，這就是「重力」的問題。**基本粒子不只有構成物質之最小單位的粒子，還有傳遞電磁力等力的粒子。現在，**已經闡明自然界存在「電磁力」、「弱力」、「強力」以及「重力」這四種力。**標準理論可以同時計算電磁力、弱力、強力這三者，然而，**儘管絞盡腦汁也無法將「重力」納入其中一同計算。**

標準理論這樣的界限，意味著弭平「基本粒子＝點」之矛盾點的「重整理論」也有界限。而蘊藏可能突破該界限之「基本粒子＝弦」的想法，就是「超弦理論」。

復活的「弦」主張

1970年代以後，儘管「弦」研究已經偃旗息鼓了，但是仍有研究者相信其可能性，持續不斷地進行研究。**1974年，研究者闡明如果將基本粒子想成弦，即可能可以同時處理包括重力在內的自然界四種力。**而發現該可能性的人就是美國的施瓦茨（John Henry Schwarz，1941～）、法國的謝克（Joel

---

存在於自然界的「四種力」

電磁力是藉由光子、弱力是W粒子和Z粒子、強力是膠子（gluon）、重力是重力子（graviton）等基本粒子來傳遞的。「標準理論」能夠同時處理（計算）的是重力以外的其他三種力。

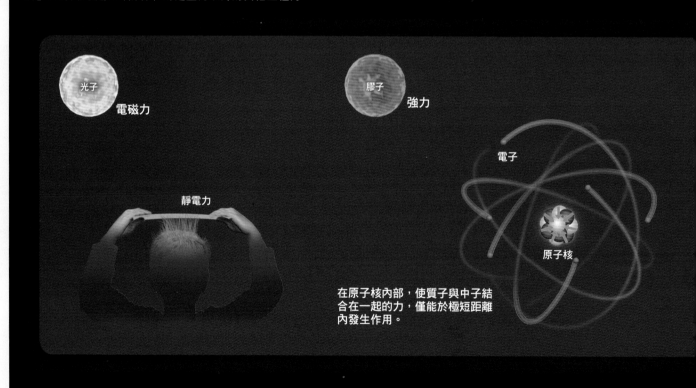

光子
電磁力

膠子
強力

靜電力

電子

原子核

在原子核內部，使質子與中子結合在一起的力，僅能於極短距離內發生作用。

Scherk，1946～1980），以及日本的米谷民明（1947～，右邊照片）。

可以同時處理重力這件事表示能夠解決上述標準理論的問題點，是非常重要的特徵，然而弦的研究並沒有如火如荼地推展開來。為什麼會這樣呢？因為在當時的弦理論中，殘留不管如何處理都有理論上無法整合的部分。

其後，讓弦理論有大幅發展的人，就是前面介紹過的施瓦茨和格林（Michael Boris Green，1946～）。他們在1984年發現解決弦理論之理論性缺陷的方法，因為該發現，**弦理論成為「得以處理重力的基本粒子理論」**，一躍成為眾所矚目的焦點。

由於該發現，超弦理論[※]研究一下子成為顯學。因此，在1984年以後數年間發生的超弦理論發展被稱為「**第一次超弦理論革命**」，施瓦茨（右邊照片）也因為這些成就而被尊稱為「**超弦理論之父**」。

超弦理論是現階段唯一可同時處理四力（電磁力、弱力、強力、重力）的基本粒子理論。為了完成該理論，目前全世界許多物理學家殫精竭力地持續研究之中。

※：有關傳統弦理論與超弦理論的差異（超的意義）請看30頁的介紹。

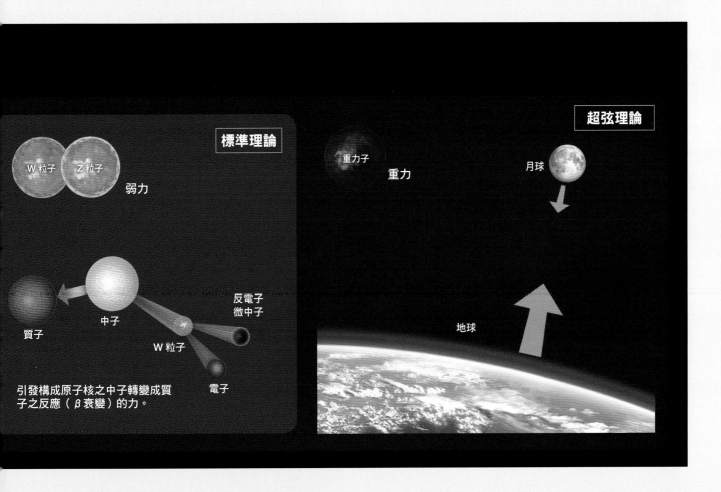

標準理論

W粒子　Z粒子

弱力

質子

中子

W粒子

反電子微中子

電子

引發構成原子核之中子轉變成質子之反應（β衰變）的力。

超弦理論

重力子

重力

月球

地球

弦在9維空間中振盪！

　　橋本教授表示：「**為讓弦的振盪狀態與現實的基本粒子能夠毫無矛盾地對應，弦的振盪方向（維度）必須要有9個才行**」。所謂維度（dimensionality），簡單來說就是「可移動方向」。對於可朝前後、左右、上下三方向移動的我們來說，可以說我們是生活在「3維空間」。科學家認為超弦理論的弦在比3維空間多了6個維度的9維空間中振盪。

弦的振盪，3個維度是不夠的

　　現在，已經發現17種基本粒子，也闡明各基本粒子的質量和所帶電荷量等資訊。倘若超弦理論要成為能夠正確表現自然界的理論，那麼弦的振盪狀態必須能夠完全對應現實基本粒子的特徵。

　　維度數越多，弦可以朝各個不同方向振盪，就整體而言，就能夠採取很多的振盪狀態。想以弦的振盪狀態完全地表現出現實的基本粒子，3個維度是不夠的（必須要有9個維度）。

　　「科學家認為比3維還多的這部分維度非常小，小到我們無法感知到。我們將之稱為維度的『緊緻化』（compactification）」（橋本教授）。雖然極小的弦可以在9維空間中自由振盪，不過被緊緻化的這6個維度，因為太小了，我們完全不會注意到它的存在。

隱藏的高維空間

右頁中央所描繪的東西稱為「卡拉比-丘流形」（Calabi-Yau manifold），有6個維度的空間捲縮隱藏在其中。卡拉比-丘流形是根據二位發現者，數學家卡拉比（Eugenio Calabi）和丘成桐來命名。在這個世界，除了我們認識的3維空間之外，極有可能還隱藏著這種高維空間。順帶一提，由於無法正確描繪4維度以上的空間，只能以意象圖替代。

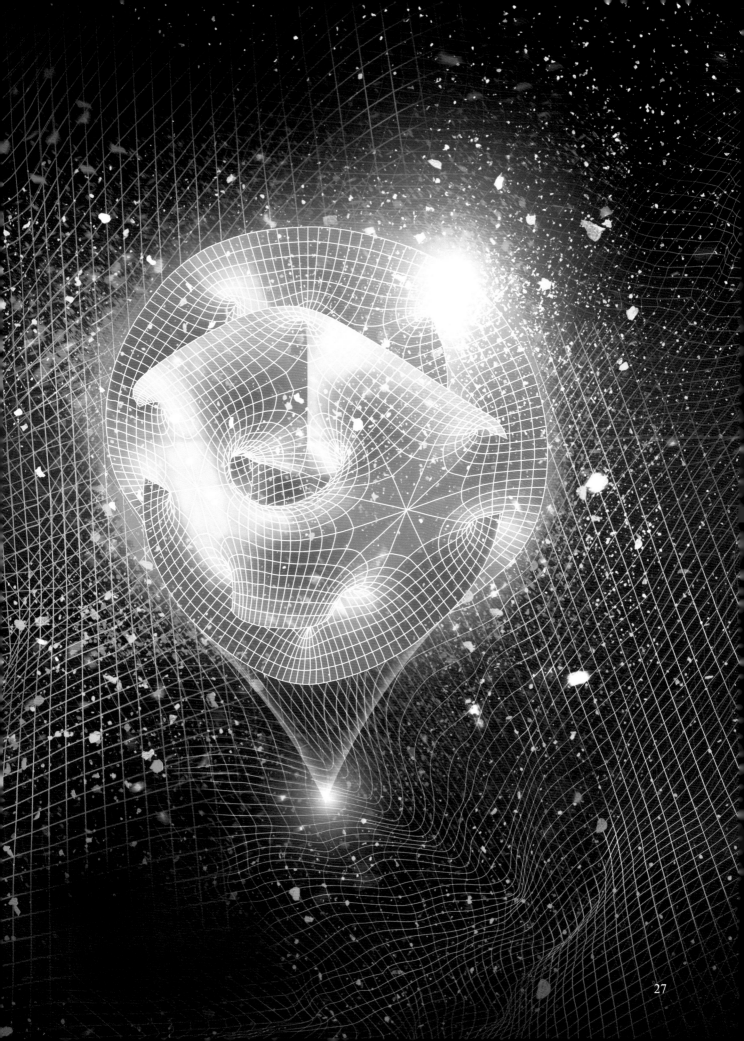

描繪位在高維空間中之物體的方法

對生活在 3 維空間中的我們而言，假設 4～9 維度的高維空間真的存在，我們也無法直接確認發生在高維空間的事件。然而這並不是說發生在高維空間中的事件與我們全然無關。

橋本教授表示：「縱使弦的振盪方式在我們所能看到的 3 維空間中是相同的，但是在第 4 維度到第 9 維度方向之『隱藏的振盪』，方式若有不同的話，弦的性質就會有差異。」

我們無法利用插圖正確繪出位在高維空間中的物體。但是，可以將每 1 維度「分解」來表現。這個想法就跟將 3 維度的建築物「分解」成從正面或是從側面看的平面圖來表現是一樣的。右圖是將在 9 維空間中振盪的弦，「分解」成在各維度呈現出來的形狀。

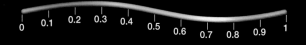

在弦上面標上刻度

描繪在 9 維空間中振盪的弦

將弦的一端當做「0」，另一端當做「1」，從 0～1 以 0.1 為單位分別標上刻度（本頁右上圖）。藉由弦 0～1 的各部分表示在各維度（方向）分別位在何處（在各維度的坐標），可以表現在高維空間中振盪之弦的形狀。例如，右頁上圖是特地將 2 維弦的形狀，分解成 2 個維度（x 與 y）來呈現。右圖則是以同樣的思考模式，將 9 維弦的形狀分解成 9 個維度。

弦一直都在振盪，所以形狀會隨著時間發生變化。分解成各維度的弦坐標也會隨時間而變化。統合各維度之弦坐標的時間變化，就能夠呈現出在 9 維空間之弦的整體動作（振盪）。

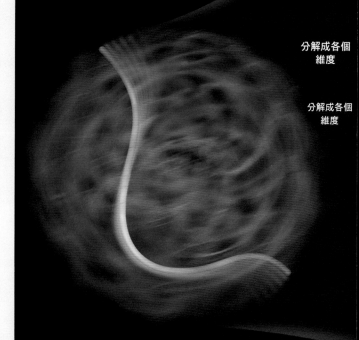

在 9 維空間中振盪之弦示意圖

分解成各個維度

分解成各個維度

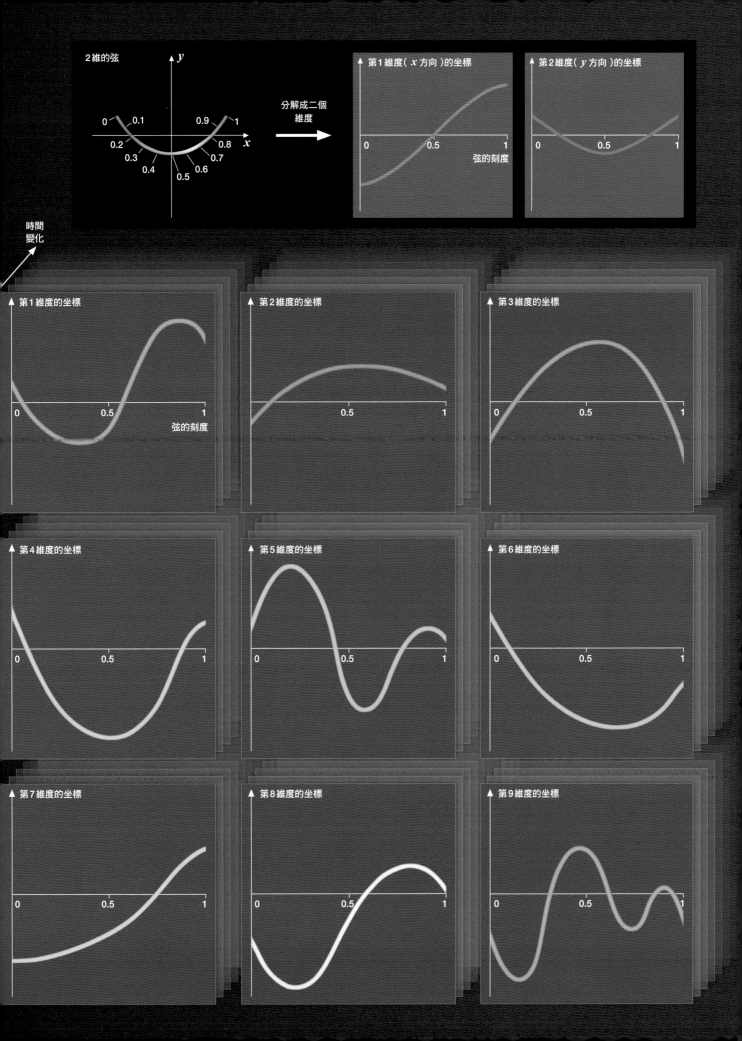

超弦理論的「超」是特殊的「超對稱」想法

認為基本粒子是弦的理論（弦理論）在1970年代後半進化成超弦理論。橋本教授說明道：「超弦理論的『超』並不是僅僅『（比傳統的弦理論）厲害』之意，而是有『超對稱』※的意思。」

「傳遞力的基本粒子與構成物質的基本粒子一般來說是分成二大類來處理的。倘若能將這些粒子視為相同的東西，同時處理的話，那就太厲害了。而『超對稱』就是將之化為可能的性質」（橋本教授）。

「超弦」所能處理的基本粒子增加

從性質上來看，基本粒子大致可分為二大類，亦即「玻色子」（boson）和「費米子」（fermion）。

前者（玻色子）中，包括既是光之基本粒子，也是傳遞電磁力之基本粒子的「光子」等傳遞力的基本粒子。後者（費米子）中，包括「電子」等構成物質的基本粒子。玻色子與費米子的最大差異就是「多個同類粒子能否同時處於同一場

已知的基本粒子存在「伴粒子」？

插圖所繪，左頁是已知的18種基本粒子（含尚未發現的重力子），右頁是它們的「伴粒子」——超對稱粒子（supersymmetric particle）。左右頁置於相同位置的粒子具有彼此互為「伴粒子」的關係。玻色子和費米子的差異是因「自旋」（spin）的量不同所產生的。自旋相當於「基本粒子自轉的

分類	基本粒子名稱	自旋
玻色子 （自旋為整數）	光子	1
	W 粒子	1
	Z 粒子	1
	膠子	1
	希格斯粒子	0
	重力子	2
費米子 （自旋為半整數）	上夸克	1/2
	魅夸克	1/2
	頂夸克	1/2
	下夸克	1/2
	奇夸克	1/2
	底夸克	1/2
	電子微中子	1/2
	渺子微中子	1/2
	濤子微中子	1/2
	電子	1/2
	渺子	1/2
	濤子	1/2

已知的基本粒子 （除重力子外，其餘皆已發

玻色子

光子　　W 粒子　　Z 粒子

膠子　　希格斯粒子　　重力子

費米子

上夸克　　魅夸克　　頂夸克　　　　電子微中子　　渺子微中子　　濤子微中子

下夸克　　奇夸克　　底夸克　　　　電子　　渺子　　濤子

所」。傳遞力之基本粒子的玻色子，可以多個同類粒子同時存在空間的某一點。舉例來說，玻色子之一的光子可非常多個同時位在同一場所。另一方面，構成物質之基本粒子的費米子，相同場所只能有一個同類粒子存在。例如，已經存在電子的場所，就不能再擠進來另一個電子。

所謂「基本粒子具有超對稱」，意味著已知的基本粒子分別都有可代換玻色子和費米子之特徵的「伴粒子」（超對稱粒子）。例如，屬於玻色子的光子，就存在「與光子相似，但是具有費米子特徵（伴光子）」的伴粒子（請參考下面插圖）。

事實上，傳統的弦理論是只能處理玻色子的理論。藉由導入「超對稱」，於是連費米子都能處理了。因為「弦」變成具有超對稱的「超弦」（superstring），於是就能處理存在於自然界的**所有基本粒子了**。但是，目前尚無法確認是否所有的基本粒子都具有超對稱（是否存在著超對稱粒子）。

※：這裡所說的超對稱，不是幾何學上所說的「左右對稱」、「旋轉對稱」，而是更抽象的概念（與基本粒子種類的置換有關的對稱性），因此「超對稱」才會冠上「超」字。

本領（快慢）。玻色子的自旋量為「1」、「2」等整數，而費米子則是「2分之1」、「2分之3」等半整數。倘若有超對稱的話，那麼就應該有與已知基本粒子相對應的超對稱粒子，不過，目前尚未發現任何一個超對稱粒子。

超對稱粒子 （全部未發現）

分類	基本粒子名稱	自旋
費米子 （自旋為半整數）	伴光子（photino）	1/2
	伴 W 粒子（wino）	1/2
	伴 Z 粒子（zino）	1/2
	伴膠子（gluino）	1/2
	伴（超）希格斯粒子（Higgsino）	1/2
	伴重力子（gravitino）	3/2
玻色子 （自旋為整數）	純量上夸克	0
	純量魅夸克	0
	純量頂夸克	0
	純量下夸克	0
	純量奇夸克	0
	純量底夸克	0
	純量電子微中子	0
	純量渺子微中子	0
	純量濤子微中子	0
	純量電子	0
	純量渺子	0
	純量濤子	0

費米子

伴光子　　伴 W 粒子　　伴 Z 粒子

伴膠子　　伴希格斯粒子　　伴重力子

玻色子

純量上夸克　　純量魅夸克　　純量頂夸克　　純量電子微中子　　純量渺子微中子　　純量濤子微中子

純量下夸克　　純量奇夸克　　純量底夸克　　純量電子　　純量渺子　　純量濤子

現在的超弦理論中，也出現「膜」和「立體」

持續深入研究的結果，超弦理論中出現的角色就不僅是弦。橋本教授說明道：「倘若0維的點可以延伸成1維的弦，那麼1維的弦是不是也能延伸成2維的膜呢？這樣的想法就物理學而言，是再自然不過的推導了。隨著研究越來越深入，科學家已經明白就像是弦延伸般的「2維膜」跟弦一樣，似乎都是存在的，於是將之稱為『膜』（brane）。」

開始理論議論膜之存在是在1980年代後半。順道一提，膜的英文名稱源自「membrane」（薄膜）這個英文單字。這個英文單字指的是2維的膜，但是超弦理論中所說的膜並不僅只是2維，也存在往3維、4維……，最終甚至往9維延伸的膜。

「所謂膜，是在超弦理論中出現，具有往長度、空間方面擴展之能力的『物體』總稱。1維的膜就是弦」（橋本教授）。又，當我們思考各種維度的膜之時，基本粒子是弦的想法也不會改變。換句話說，「1維的膜＝弦＝基本粒子」。

開弦所黏附的D膜

1989年時，美國的物理學家普金斯基（Joseph Polchinski，1954～2018，右邊照片）闡明與膜相關的重要性質，這就是開弦的端點黏附在滿足特定條件的膜上面（請參考右邊插圖）。像這樣的膜稱為「D膜」，端點黏附在D膜上面的弦，只能在D膜上面運動。

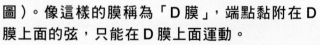

0維的膜（點）

1維的膜（弦）

2維的膜（平面）

主角從弦轉為膜

插圖所繪為在超弦理論中出現之各種維度的膜。1維的膜就是「弦」，0維的膜就是「點」（粒子）。科學家認為開弦的端點黏附在滿足特定條件的「D膜」上面。

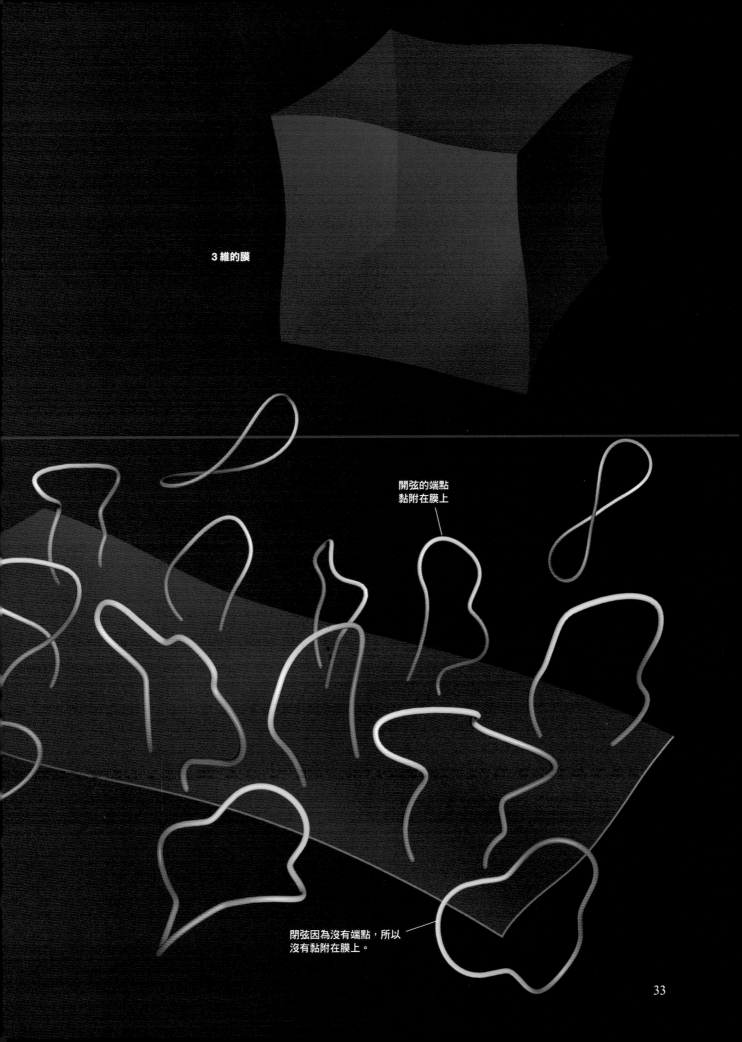

3 維的膜

開弦的端點
黏附在膜上

閉弦因為沒有端點，所以
沒有黏附在膜上。

我們是生活在膜中嗎?

　　普金斯基在1995年發表使用D膜而可說明「黑洞」（擁有超強引力，一旦被其吸入，連光都無法逃逸的天體）性質的論文。於是膜的想法不僅使用於基本粒子的研究，也頻繁地應用在研究宇宙之誕生和演化的「宇宙論」（cosmogony）等方面，超弦理論一下子變成顯學，很多研究者都投身其中戮力研究。因此，1995年以後所看到的超弦理論新發展，被稱為「第二次超弦理論革命」。

採用D膜概念可以說明重力為何如此微弱

　　膜這樣的想法，讓超弦理論可以說明發生在自然界的各種現象。舉例來說，為什麼四力中，只有重力特別微弱的理由也可以利用膜的想法來說明。首先，「**我們可以想像自己所在的空間原本是3維的D膜**」橋本教授如此說道。我們是生活在3維的D膜中，而構成世界的各種物質是由黏附在此3維D膜上的開弦（基本粒子）所組成。「**而重力子是以閉弦的形式出現，並未黏附在D膜上面。所以就連我們所在的3維空間之『外』的高維空間，重力子都能自由來去。重力特別微弱的原因可以用重力子跑到高維空間來說明**」（橋本教授）。

　　除此之外，宇宙甫誕生之時所發生的宇宙急速膨脹「暴脹」（請參考39頁）也能夠用膜的概念來說明。「**科學家認為暴脹可以想像是浮在高維空間中的膜與膜碰撞產生龐大的能量，導致宇宙空間急速膨脹**」（橋本教授）。

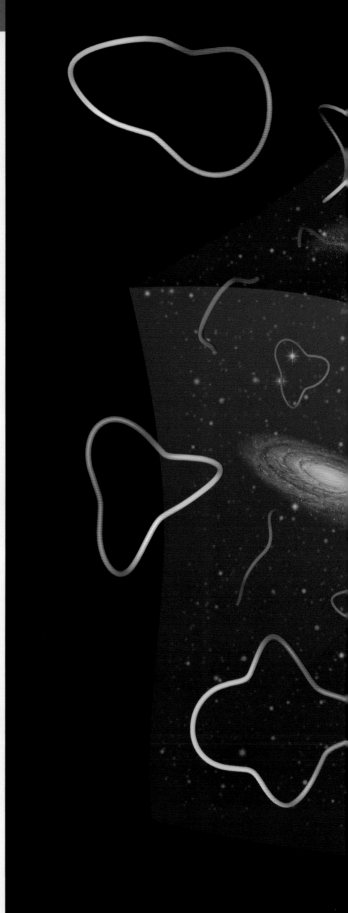

註：所謂3維的膜（＝宇宙空間）「外面」，指的是4維以上的高維空間。由於筆墨無法畫出這樣的高維空間，這裡僅繪出3維的膜的一部分，以表現「內」和「外」。

我們所在的宇宙
是3維的膜！？

開弦（構成物質的基
本粒子和光子等）黏
附在我們所生活的３
維空間中

閉弦（重力子等）可以在
我們所生活的３維空間的
「裡面」和「外面」自由
來去！？

這個世界是浮在高維度空間的「膜」！？

倘若我們的世界是３維的膜，那麼構成
人體等所有物質的基本粒子和光等都
是開弦，因開弦黏附在膜（３維空間）
上面，無法飛到「外面」（高維空間）
去。另一方面，僅有重力可以傳遞到高
維空間。

倘若相對論與量子論能夠「結婚」的話，

有研究者認為超弦理論一旦完成，很有可能是「終極理論」。「終極理論」所指的是什麼，會因為使用的人跟文章脈絡而有所不同，但是橋本教授表示：「**我個人認為能夠將這個世界所存在的各種力，以及形成這個世界的各種物質統合起來，並且很容易就能理解的理論便是『終極理論』。**」

橋本教授接著又說：「**自然界中有電磁力、弱力、強力、重力這四種力，其中最微弱、最撲朔迷離的就是重力。由於相對論與量子論無法『結婚』，所以我們很難了解重力與物質世界究**竟具有什麼樣的關係。」

相對論是與時間、空間以及重力相關的物理學理論。相對論認為在具質量之物體的周圍所產生的「空間扭曲」就是重力的真正身分。重力極為微弱，倘若不是像天體這般大的（宏觀的）規模，很難明顯看出重力的影響。相對論可以說是宏觀世界的理論。

另一方面，量子論是說明原子和基本粒子等微小粒子之行為的物理學理論。量子論闡明了以原子和基本粒子等為主角的微觀世界，「所有的粒子都是晃動不止的」。舉例來說，基本粒子

在相對論與量子論之間的「鴻溝」

「相對論」（左頁）和「量子論」（右頁）可以說是現代物理學的二大基礎理論，插圖所示為其基本想法。統合這二大理論的「量子重力論」尚未完成。計算微觀世界之重力時，「重整理論」無法適用，也阻礙了二大理論的統合。研究者認為該問題的其中一個原因，或許是微觀世界的時空擾動（漲落）成為重力擾動的緣故。

又，現在基本粒子物理學的基礎「標準理論」也是依據量子論來說明基本粒子之行為的理論。不過，因為無法計算重力，所以標準理論並非量子重力論。

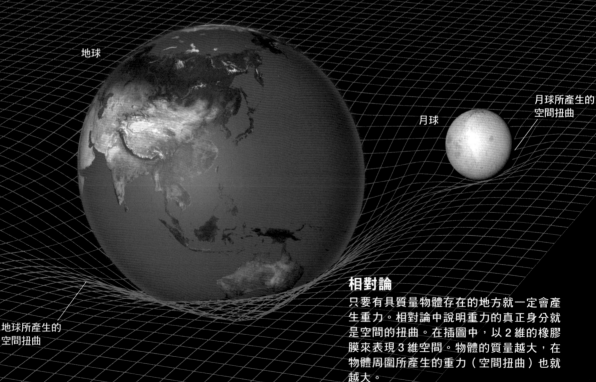

地球

月球

月球所產生的空間扭曲

地球所產生的空間扭曲

相對論
只要有具質量物體存在的地方就一定會產生重力。相對論中說明重力的真正身分就是空間的扭曲。在插圖中，以 2 維的橡膠膜來表現 3 維空間。物體的質量越大，在物體周圍所產生的重力（空間扭曲）也就越大。

即會成為終極理論

的「位置」與「速度」（更正確的說法是動量）不可同時被確定，位置的不確定性越小，則動量的不確定性越大，反之亦然。其值一定是起伏不定的。

相對論與量子論的「守備範圍」不同

相對論與量子論在各自的「守備範圍」，都是能夠正確說明自然界的有效理論。但是，當想要同時使用這二種理論時，就會出現問題。**「若想根據相對論來計算在微觀距離傳遞的重力，如果不使用適用於電磁力的『重整理論』**（請參考22頁），計算結果會是無限大，計算出現破綻」（橋本教授）。

將相對論與量子論予以統合的理論稱為「量子重力論」（quantum gravity theory）。**「許多超弦理論研究者提到『量子重力論』和『終極理論』時，指的幾乎是相同的意思」**（橋本教授）。在微觀世界，想要說明強大重力作用的狀況時，就必須使用量子重力論，不過這是個尚未完成的理論。而超弦理論是可以同時處理包括重力在內之四種力的基本粒子理論（請參考24頁）。換句話說，它極有可能是使相對論與量子論「結婚」的量子重力論（終極理論）。

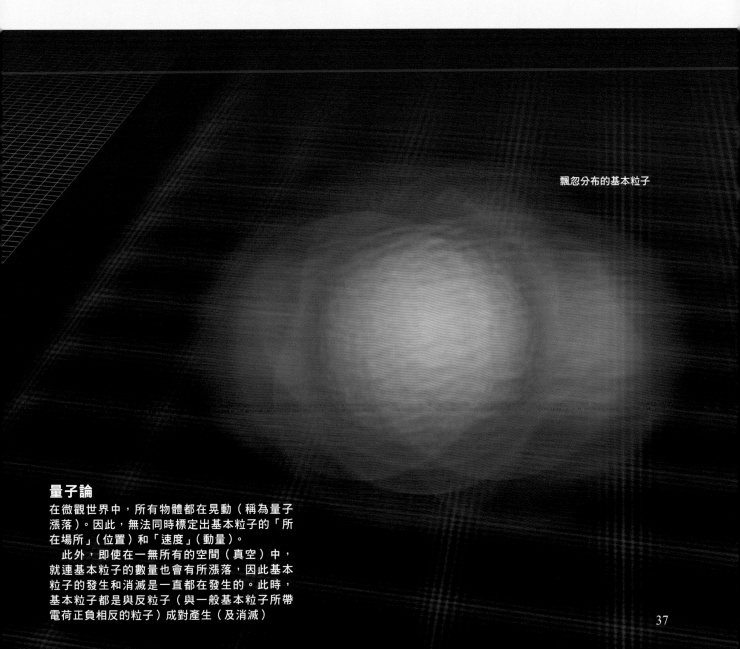

飄忽分布的基本粒子

量子論

在微觀世界中，所有物體都在晃動（稱為量子漲落）。因此，無法同時標定出基本粒子的「所在場所」（位置）和「速度」（動量）。

此外，即使在一無所有的空間（真空）中，就連基本粒子的數量也會有所漲落，因此基本粒子的發生和消滅是一直都在發生的。此時，基本粒子都是與反粒子（與一般基本粒子所帶電荷正負相反的粒子）成對產生（及消滅）

唯有超弦理論能夠正確計算宇宙之始！

在微觀世界中，重力變得強大無比的代表例就是「宇宙之始」。根據研究推測宇宙大約誕生於138億年前（請參考右頁上方插圖）。科學家認為宇宙之始，基本粒子被擠壓封閉在極狹窄的空間，形成高溫、高密度的狀態。某場所有高密度的基本粒子，與該場所有大質量物質是一樣的，都會產生強大的重力。

「現階段，能夠正確計算微觀世界之時空擾動所產生的重力效應，只有超弦理論了」橋本教授如此說道。科學家認為宇宙誕生時，構成物質之基本粒子與傳遞重力等力之基本粒子是呈現高密度混雜在一起的渾沌狀況。在這樣狀況下的基本粒子（弦）互相會有什麼樣的影響呢？能夠將所有種類的基本粒子加以計算的只有超弦理論。

再者，橋本教授表示：「只要了解宇宙之始，也就能夠獲得有關宇宙之終的資訊」。宇宙今後仍將持續膨脹嗎？或者是在某一天突然停止膨脹，轉而開始收縮呢？目前誰也無法推論。倘若能夠了解宇宙之始，或許就能知道將來假如宇宙開始收縮的話，最終縮成小點時的狀況。

整個擠滿了弦的宇宙之始

插圖為甫誕生的宇宙想像圖。科學家們認為甫誕生宇宙高密度存在構成物質的基本粒子（弦）以及傳遞力的基本粒子（弦）。因為當時極為高溫，在這樣的情況下，「弦極有可能拉得比現在還長，而且更劇烈運動」橋本教授如此說道。

弦一分為二

閉弦

二弦連接
為一弦

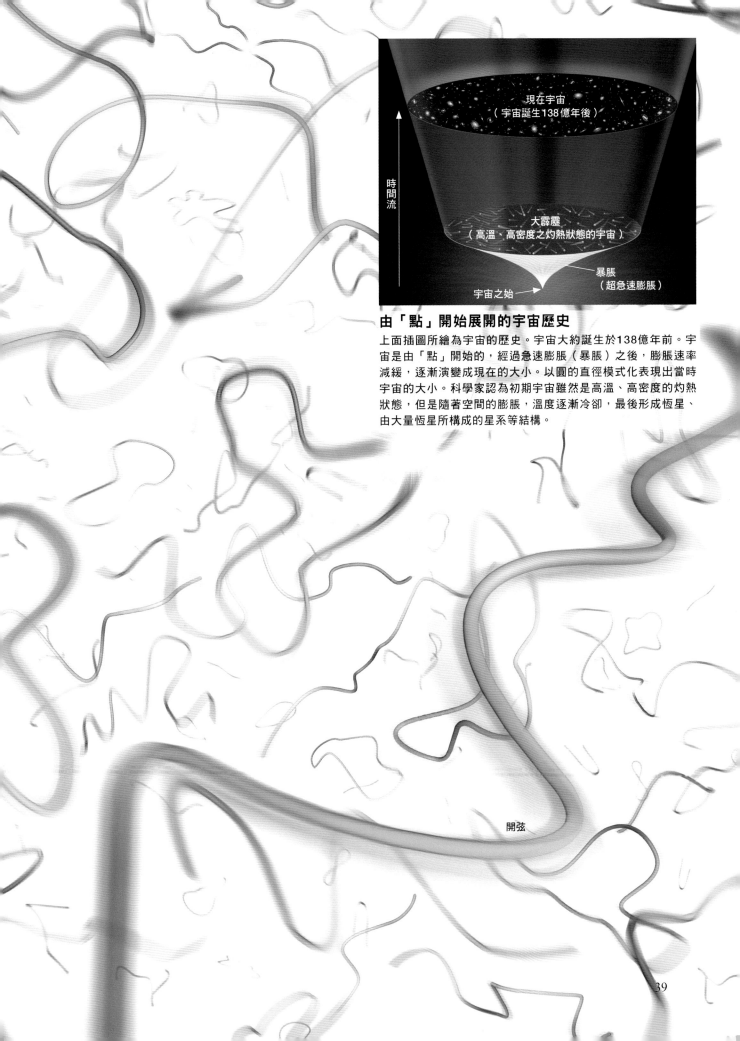

現在宇宙
（宇宙誕生138億年後）

時間流

大霹靂
（高溫、高密度之灼熱狀態的宇宙）

暴脹
（超急速膨脹）

宇宙之始

由「點」開始展開的宇宙歷史

上面插圖所繪為宇宙的歷史。宇宙大約誕生於138億年前。宇宙是由「點」開始的，經過急速膨脹（暴脹）之後，膨脹速率減緩，逐漸演變成現在的大小。以圓的直徑模式化表現出當時宇宙的大小。科學家認為初期宇宙雖然是高溫、高密度的灼熱狀態，但是隨著空間的膨脹，溫度逐漸冷卻，最後形成恆星、由大量恆星所構成的星系等結構。

開弦

暗物質的真面目也能藉由超弦理論闡明嗎？

　　科學家認為在這宇宙中，充滿無法直接觀察到的物質，該物質被稱為「**暗物質**」（dark matter）。目前科學家已經發現許多例子，亦即在觀測宇宙時，發現雖然某處無法觀測到物質存在，但是只有該場所存在某種重力源（具質量的物質）才解釋得通的現象。於是將這種觀測不到，但卻存在的謎樣物質稱為暗物質。

　　暗物質的真正身分極有可能是尚未發現的基本粒子。「**只要超弦理論一完成，應該就能詳細了解構成物質之基本粒子與重力的關係，同時也可能闡明被認為是暗物質本尊之未發現基本粒子的性質和特徵**」（橋本教授）。

看不到也摸不著的物質

「暗物質」（dark matter）是眼睛無法看到，手也摸不著，但是會對周圍物體施予重力作用的物質。從各式各樣的天文觀測結果來看，許多研究者認為暗物質的確廣泛分布在整個宇宙空間中。然而無論是直接或是間接，目前都還沒有人成功偵測到暗物質。

證明超弦理論正確性的方法是什麼呢？

「倘若有能夠完美而合理地說明發生在自然界的各種現象和實驗結果，並且能夠預言將來會發生的事件的理論，應該就能稱之為『正確理論』。超弦理論是否是真正的正確理論，目前尚未可知」（橋本教授）。

如何才能證明超弦理論是正確的呢？「根據超弦理論的說法，弦的振盪愈劇烈，對應該弦之基本粒子的能量會呈階段性增加而變得愈重。舉例來說，具有性質相同，但是質量為2倍、3倍重的基本粒子。倘若能夠發現超弦理論所預言的這類大質量基本粒子，就會是證明超弦理論之正確性強而有力的證據」（橋本教授）。

即使是「世界最強」的加速器，仍然功率不足

通常，想要發現新的基本粒子就會使用名為「加速器」（accelerator）的實驗裝置。將質子等粒子加速至接近光速，然後再使之正面對撞，根據對撞的能量就會產生各式各樣的新粒子（請參考插圖）。想要發現大質量粒子就必須要有與之相應的巨大能量。

現在，能夠使用全世界最大能量讓粒子彼

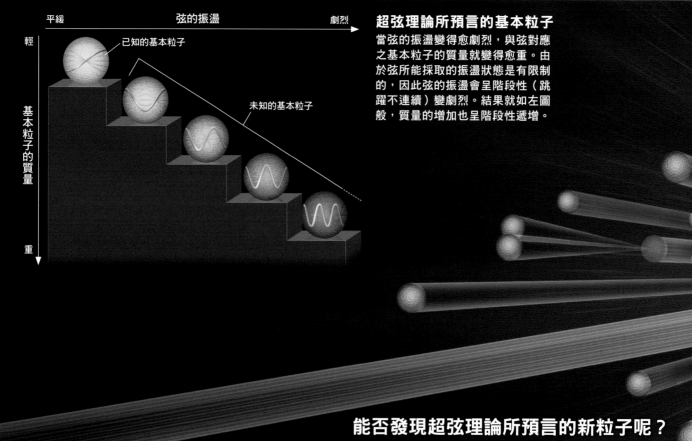

超弦理論所預言的基本粒子
當弦的振盪變得愈劇烈，與弦對應之基本粒子的質量就變得愈重。由於弦所能採取的振盪狀態是有限制的，因此弦的振盪會呈階段性（跳躍不連續）變劇烈。結果就如左圖般，質量的增加也呈階段性遞增。

（圖中標示）
弦的振盪　平緩　←→　劇烈
基本粒子的質量　輕　←→　重
已知的基本粒子
未知的基本粒子

能否發現超弦理論所預言的新粒子呢？
左圖是讓粒子加速的實驗裝置「加速器」的簡圖。使質子等帶電粒子以接近光速（每秒約30萬公里）的猛烈速度正面對撞，碰撞的能量產生了與碰撞粒子截然不同的新粒子（右圖）。分析此際所產生的粒子，能夠找出未知的粒子。

一般來說，粒子加速器的規模愈大，愈能將粒子加速至高速，撞擊的能量也就愈大。以「LHC」加速器來說，讓粒子加速的環狀加速管的1圈長度約為27公里。

（圖中標示）
加速器
粒子供應裝置
在加速器的加速環中運行的質子等粒子，在運行無數圈的過程中，被加速至接近光速。
與反向繞轉的粒子束正面對撞

此正面對撞的加速器，就是歐洲原子核研究組織（European Organization for Nuclear Research，CERN），的「LHC」。LHC是橫跨瑞士與法國邊界的巨大加速器，以2013年發現希格斯粒子而聞名於世。然而，儘管擁有LHC，但是想要發現超弦理論所預言的大質量粒子還是非常困難。

「超弦理論所預言的大質量粒子大部分都非常重，想要發現，必須要有能發出LHC之10兆倍能量的加速器才行。現階段，想要以加速器發現如此大質量的粒子是根本辦不到的事情。不過，根據超弦理論的模型，還存在質量較輕的粒子，利用LHC和未來製造出來的下一代加速器也許可以發現這些較輕質量的基本粒子」（橋本教授）。

此外，橋本教授也表示：「理論的正確性，就意義上而言，除了可說明實驗結果外，在數學上沒有矛盾點也極為重要」。有關超弦理論在數學上有無矛盾這一點，目前似乎還不清楚。

「事實上，就連標準理論在數學上的正確性方面也尚未完全釐清，更不用說是比標準理論更難解的超弦理論了。不過，就目前已經知道的範圍來看，尚未發現超弦理論在數學上有什麼樣的矛盾點。或許將來就能證明其在數學上的正確性也說不定」（橋本教授）。

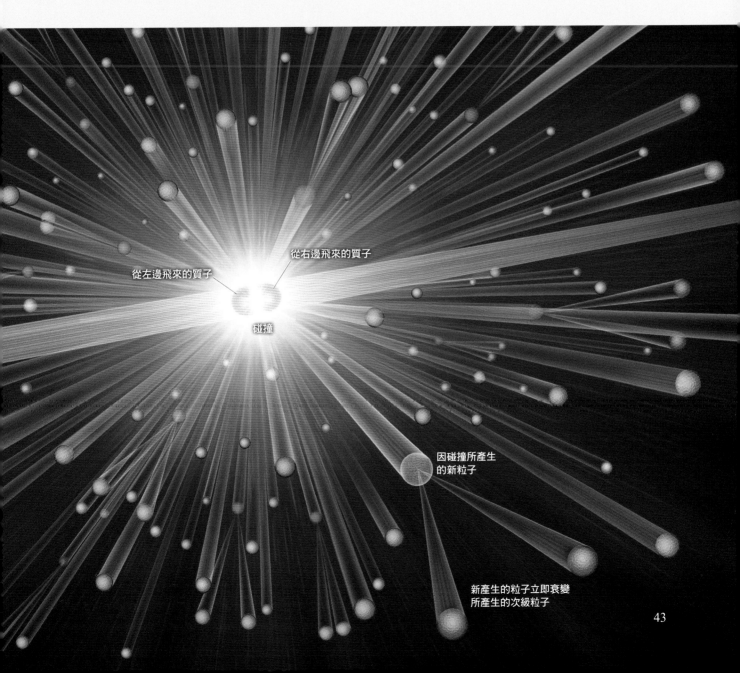

從右邊飛來的質子

從左邊飛來的質子

碰撞

因碰撞所產生的新粒子

新產生的粒子立即衰變所產生的次級粒子

利用超弦理論所衍生之計算手法所做的預

　　最近這幾年，可以觀察到超弦理論研究有了新的廣度。使用加速器，再加上下面要介紹的原子核實驗，在物性物理學（探討金屬、半導體、超導體等物質之性質的領域）、流體力學（研究氣體和液體之運動的領域）等不屬於基本粒子領域的學術界，**皆已開始應用超弦理論所衍生的計算手法了**。下面將介紹超弦理論的預言與實驗結果完美吻合的實驗事例，這是由美國紐約州Brookhaven國家實驗室（Brookhaven National Laboratory）的相對論性重離子碰撞器（Relativistic Heavy Ion Collider，RHIC）所進行的實驗。

　　RHIC將金（Au）的原子核加速到接近光速，然後讓來自相反方向的兩道高速金原子核粒子束正面碰撞，碰撞瞬間的溫度高達絕對溫度數兆度。該溫度相當於宇宙誕生之大霹靂經過約數十萬分之一秒後的溫度。RHIC是可重現甫發生大霹靂後之宇宙的實驗裝置。

　　原子核是由質子和中子聚集而成，而質子和中子又是由「夸克」以及具有結合夸克作用的「膠子」等基本粒子組成。當金原子核彼此碰撞時，因為過度高溫連原子核都「熔融」，夸克和膠子皆成離散狀態了，該狀態稱為「夸克膠子電漿」（quark gluon plasma，QGP）。

　　科學家認為宇宙甫誕生後，小宇宙中充滿

RHIC加速器的實驗示意圖

RHIC是1圈約4公里的環形加速器。讓加速到接近光速的金原子核正面對撞，原子核在瞬間變成「熔融」般的狀態。原子核的組成要素──夸克和膠子變成離散的「夸克膠子電漿」。此外，在插圖中，不管什麼種類的夸克，皆以同樣顏色的球來表現。

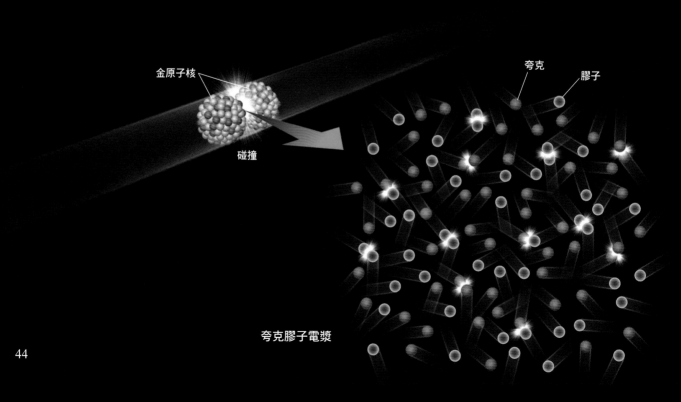

金原子核

夸克

膠子

碰撞

夸克膠子電漿

言，與實驗結果完全一致

了夸克膠子電漿，因此瞭解其性質對於了解宇宙的形成過程非常重要。但是眾所周知的，夸克膠子電漿的性質若以基本粒子物理學（量子色動力學）的傳統方法來計算的話，會變得非常複雜而且困難。

因此，這時超弦理論就派上用場了。將自超弦理論衍生出來稱為「規範／重力對偶」（gauge/gravity duality）※1的計算手法，應用到量子色動力學上，在實驗之前計算出夸克膠子電漿的黏性（黏的程度）※2。該值與實際利用RHIC所進行之實驗測出的值非常一致（2005年發表）。夸克膠子電漿的黏性極小，實驗結果得知是「潺潺的流體」。

據橋本教授表示：「RHIC的實驗結果雖然未能證明『這個世界是由弦所構成』的假說是正確的，但是它可以說已經展現出從超弦理論衍生的計算手法是有效的。」

※1：使用於RHIC之實驗結果的預言工具是「規範作用與重力的對偶關係（也稱為『AdS/CFT對偶』（AdS/CFT correspondence）、『全像原理』（holographic principle）等）」，其要旨為「在4維時空的某種規範理論與5維時空中的重力理論等效」。若採用該關係性，使用量子色動力學來計算會顯得困難重重的現象，若使用假想的5維重力理論的話，計算就會變得較為簡單。另外，所謂規範理論是指基本粒子物理學之基礎的一連串理論，量子色動力學就是其中一例。

※2：更正確的說法是黏性和熵密度的比。熵（entropy）是表示粒子雜亂程度的量。在實驗中，與傳統理論預想的相反，該值非常的小。這意味著在夸克膠子電漿中，夸克和膠子間有強作用力（強結合）存在。

宇宙的歷史

下面插圖所繪為宇宙誕生之後一直到現在的宇宙史。時間流是從插圖的左邊往右邊流。

甫發生過大霹靂（Big Bang）的灼熱宇宙，基本粒子分散地到處任意穿梭飛行。其後，隨著宇宙溫度的逐漸下降，具有質量的基本粒子彼此結合產生了原子。然後，以原子為材料誕生了恆星，最終形成我們今天的宇宙。

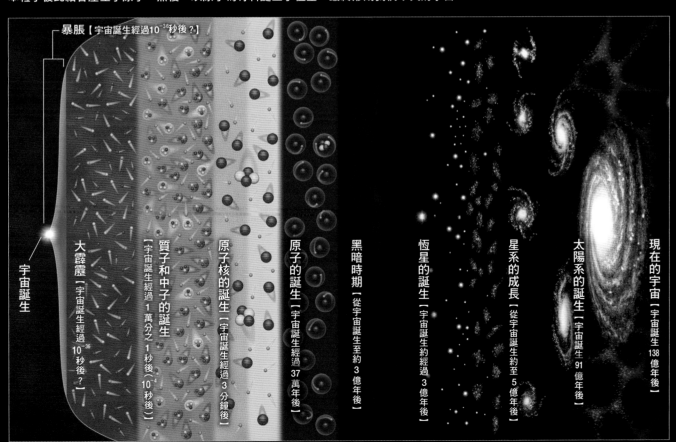

暴脹【宇宙誕生經過10⁻³⁶秒後？】

宇宙誕生

大霹靂【宇宙誕生經過10⁻³⁶秒後？】

質子和中子的誕生【宇宙誕生經過1萬分之1秒後（10⁻⁴秒後）】

原子核的誕生【宇宙誕生經過3分鐘後】

原子的誕生【宇宙誕生經過37萬年後】

黑暗時期【從宇宙誕生至約3億年後】

恆星的誕生【宇宙誕生約經過3億年後】

星系的成長【從宇宙誕生約至5億年後】

太陽系的誕生【宇宙誕生91億年後】

現在的宇宙【宇宙誕生138億年後】

利用超弦理論所衍生之計算手法，可闡明

據研究者表示，倘若使用超弦理論衍生出來的計算手法（規範／重力對偶），應用到凝態物理學（condensed matter physics）、流體力學等範疇，有些時候可以將很難解的計算問題「轉換」成簡單的問題。

舉例來說，在研究像是超導物質（在極低溫下，電阻變為零的物質）這類電子間交互作用極強的物質（強關聯物質）之際，必須採用量子力學非常複雜的計算。像這樣的場合，若使用規範／重力對偶，便能將複雜的量子力學計算，置換成高1維世界的重力理論計算，計算起來就非常簡單了。像這樣，規範／重力對偶被當成「工具」，靈活運用於物理學的各種領域中。

規範／重力對偶在解決下面要介紹的「黑洞之謎」上面，也扮演重要角色。

黑洞（black hole）是具有十分巨大之重力（萬有引力）的天體，一旦被吸入其中，就連光也無法脫逃出來。所有物質皆具有構成自己本身之原子的位置及速度等「資訊」。英國的物理學家霍金（Stephen William Hawking，1942～2018）認為被黑洞吸入之物質的資訊會永遠喪失。霍金認為黑洞會因為「霍金輻射」（Hawking radiation）現象釋放出能量，而逐漸變小，最終完全消滅（黑洞蒸發）。如此一來，被黑洞吸入之物質的資訊也會跟著消滅。

但是根據物理學的大原則，眾所皆知的，資訊是絕對不會消滅的。與霍金持相反意見，認為黑洞絕對不會使資訊消滅的人，就是荷蘭的物理學家特胡夫特[※]（Gerard 't Hooft，1946～）。

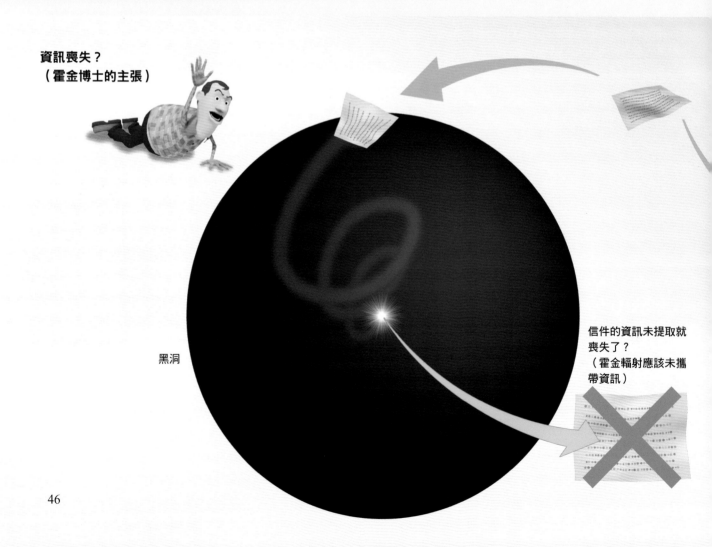

資訊喪失？
（霍金博士的主張）

黑洞

信件的資訊未提取就喪失了？
（霍金輻射應該未攜帶資訊）

黑洞之謎!?

再者，在此還必須提到一個人，他就是美籍阿根廷裔的物理學家馬爾達西納（Juan Maldacena，1968～）以及他基於超弦理論研究所預想的「規範／重力對偶」（也稱馬爾達西納對偶，英語：Maldacena duality）。使用規範／重力對偶進行計算，即可將像黑洞這類具超大重力之天體的現象，以低1維世界的量子力學來表示。事實上，量子力學認為資訊絕對不會喪失。該理論被視為定論，於是霍金博士在2004年改變了自己的想法，認為即使黑洞因為霍金輻射而消滅，被吸入之物質的資訊也不會消失。據此，圍繞著黑洞資訊而有的議論有了既定的結論。不過，至今仍未能得知「寫入」黑洞表面的資訊，究竟是以何種形式釋放到宇宙空間的。

現在，各領域的物理學家使用規範／重力對偶，活躍地進行超越領域藩籬的各種研究。在此之前，僅由基本粒子物理學之部分理論學家從事超弦理論研究的時代已經結束，現在有許多領域的物理學家開始注意到超弦理論，並且展開研究。從這樣的趨勢來看，將來製造出誕生新科技之素材的日子應該已經不遠了。

自不同領域協同合作所產生的研究成果反饋給超弦理論研究本身，也許可成為使超弦理論邁向完成的起爆劑。　　　　　　　　　　🪐

※：特胡夫特等人倡議：「存於3維度的資訊在被吸入黑洞的同時，會被寫入2維度的黑洞表面」。換句話說，黑洞的表面就好像是「全像的薄膜」般，可以將落入黑洞內部之所有物質的資訊都保存下來。這樣的想法，經過相關物理學的具體計算，就產生了馬爾達西納所預想的「規範／重力對偶」（馬爾達西納對偶）。

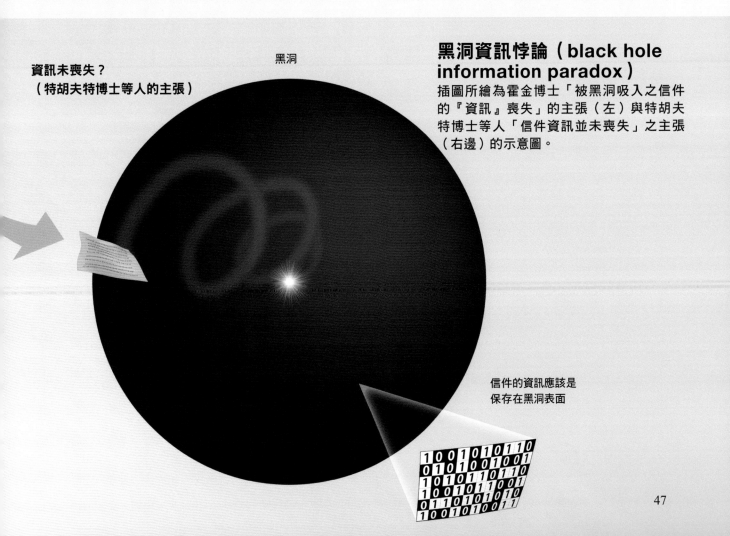

資訊未喪失？
（特胡夫特博士等人的主張）

黑洞

黑洞資訊悖論（black hole information paradox）
插圖所繪為霍金博士「被黑洞吸入之信件的『資訊』喪失」的主張（左）與特胡夫特博士等人「信件資訊並未喪失」之主張（右邊）的示意圖。

信件的資訊應該是保存在黑洞表面

再更深入一點
超弦理論

協助　橋本幸士／格林恩／大栗博司／村田治郎／向山信治／陣內 修

在第 2 章中，讓我們更深入來瞭解令人感到神奇的超弦理論。本章的前半部分是超弦理論研究者的專訪，專訪對象有三位，除了有第 1 章的引導老師橋本幸士博士外，還有格林恩博士和大栗博司博士。本章的後半部分將介紹尋找超弦理論所預言之「高維空間」之證據的研究。

超弦理論的下一個「革命」
也許就發生在明天！

因為「超弦理論」認為基本粒子不是點而是弦，因此被視為極有可能與現代物理學的二大基礎理論「相對論」和「量子論」統合，也可能是可以闡明宇宙誕生之謎的物理學理論。甚至有科學家認為超弦理論也許能夠成為可說明存在於世界之各種物質和力的「終極理論」。接下來，讓我們跟著專門研究超弦理論的日本大阪大學橋本幸士教授，一起來探訪以「弦」為主角的最尖端物理世界吧！

＊本篇係2016年所進行的採訪內容。

說基本粒子的形狀像星星糖也行
只是這樣一來，就沒有整合性了

Galileo──研究者是如何知道超弦理論中的弦所具的那些神奇特徵（12頁～）的呢？

橋本──我們平常所能看到的弦（線）具有長度、粗細、伸縮難易度、顏色等各種特徵。

而超弦理論中的弦，事實上只有「伸縮難易度」（張力）和「黏附難易度」（斷裂難易度）二種特徵。弦的長度和頻率等可經由計算從此二者推導出來。

雖然必須用弦完美地說明現實世界的基本粒子，不過若假設「有粗細」、「有多種不同的弦」等多餘的特徵，反而沒辦法導出好的結果。將弦視為自然界的最小單位來架構理論時，將焦點鎖定在必要特徵究竟有哪些時，最後得到的結論就只剩下「伸縮的難易度」和「黏附的難易度」這二種。不過，研究者目前還不知道這二者的具體數值。

Galileo──為了解決基本粒子是點所產生的問題

（24頁），形狀縱使不是弦狀，應該也可以，不是嗎？

橋本──當然，理論上提任何形狀都可以。基本粒子不管是「球形」，或是表面上有突起的「星星糖形」都無所謂。不過，若是球形就會有一定大小，如果是星星糖形，因為表面有突起，該形狀應該就會產生特有的現象，不過從基本粒子的實驗來看，並未發現這類的現象。

儘管研究者們提出各式各樣的想法，不過一旦考慮到理論和實驗的整合性時，就會逐個排除了。結果存留下來的就是基本粒子是極短且沒有粗細的弦，也就是現在超弦理論的想法。

Galileo──弦只有1種，也是經過同樣的過程推導出來的嗎？

橋本──其實，認為弦的種類有2種以上也沒什麼不可以。不過舉例來說，假設有紅色和黃色2種弦，於是就必須重新思考它們是否會黏附，以及黏附了之後，交接處的顏色是否會變化等等新的問題。就算這些問題都有令人滿意的答案，但

橋本幸士 Koji Hashimoto
日本大阪大學理學研究科研究所教授、理學博士。專長為超弦理論、基本粒子論。著作包括：《爸爸所傳授的超弦理論 天才物理學家‧浪速阪教授的70分鐘講義》、《D膜——描繪超弦理論之高維物體的世界圖像》等。

是現在只要1種弦就能解決所有問題了，為什麼要想出2種弦來困擾自己呢！

倘若將來闡明了諸如重力有2種這一類的問題時，說不定就必須設定有2種弦了。

超弦理論有5種

Galileo——像光子、電子等幾乎所有的基本粒子呈現出來的都是「開弦」，為什麼只有重力子是呈環狀的「閉弦」呢？

橋本——其實，光子和電子也能以「閉弦」來呈現。現在所倡議的超弦理論有幾種，其中有一種超弦理論認為包括光子和電子在內的所有基本粒子都以「閉弦」來表現。

該理論認為「閉弦無法從某一處斷開成為開弦」。反倒是一個環會綻裂成為二個環，或是二個環黏附在一起成為一個環（本頁下圖）。

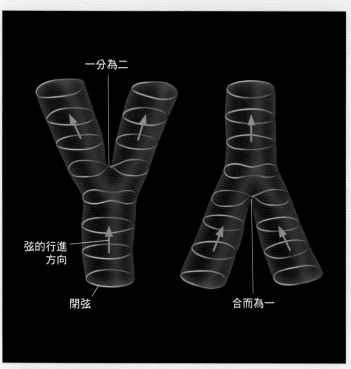

一分為二

弦的行進方向

閉弦

合而為一

「閉弦」間的反應
左邊插圖所繪為某某基本粒子（閉弦）釋放出其他基本粒子（弦一分為二）的反應。右邊插圖是某基本粒子吸收了別的基本粒子（弦合而為一）的反應。

Galileo——同樣都是超弦理論竟然還分成好幾種，實在不可思議。究竟哪一個想法才正確呢？

橋本——因為想法不同，所以超弦理論大致可分為5種。但是在大約20年前，超弦理論研究者威騰（Edward Witten，1951～）提出「它們在本質上都是一樣的，只是見解不同罷了」的主張以來，現在以他的想法為主流，所以這5種並沒有所謂的對錯問題。

Galileo——在這5種想法中，只有重力子不管在何種場合都是閉弦，是嗎？

橋本——只有重力子一定是呈現閉弦。重力子應該具有「質量為零，自旋2」的性質，若欲以振盪的弦來表現，倘非閉弦就說不通了。

僅是弦的振盪無法說明基本粒子的性質

Galileo——弦的振盪方式不同，於是就呈現出種類不同的基本粒子了。換句話說，振盪方式與基本粒子種類是1對1對應的嗎？

橋本——是的，基本上是1對1對應。不過，不同的超弦理論，弦的振盪與基本粒子的對應方式並不相同，因此現階段還懸而未決的，就是「表現光子的振盪」究竟是哪一種尚未取得共識。

Galileo——所帶電荷等基本粒子的性質和弦的振盪究竟是如何對應的呢？舉例來說，在某維度的振盪強度是否與電荷強度或者是電荷的正負相對應呢？

橋本——有由弦的振盪來決定的性質以及僅是弦的振盪無法決定的性質。例如：基本粒子的「質量」、「自旋」（相當於自轉態勢的量）與振盪的劇烈程度相對應，因此可以說是由振盪來決定的性質。

但是像電荷，很難簡單用振盪就可以說明。舉例來說，在最近的想法當中，藉由說明弦如何黏附在膜（32頁）上而能說明電荷。並非單獨取出弦來，就能從它的振盪完全說明基本粒子的所有性質。

認真說明超弦理論的橋本幸士教授。教授身上穿的Ｔ恤上有一隻頭下腳上的牛，若依據日文發音的話，頭下腳上的牛發音就跟基本粒子一樣（そりうし（素粒子）），相當有趣。

弦再加上量子論的想法，那麼弦應該會是飄忽難測的弦

Galileo──量子論認為無法同時測定基本粒子的所在場所（位置）與速度（動量），基本粒子的分布是飄忽不定的（請參考37頁）。將基本粒子視為弦之超弦理論的想法與量子論的想法能夠同時成立嗎？

橋本──量子論認為「基本粒子的點是飄忽不定分布的」。超弦理論認為基本粒子不是點而是弦，結果就是「基本粒子的弦是飄忽不定分布的」。

Galileo──點狀的基本粒子飄忽不定的分布，跟振盪的弦好像對應不起來。

橋本──是的。不過，在將基本粒子視為點的情況下，能夠完美說明粒子行為的量子論，一旦基本粒子變成弦，又該如何論述及發展，目前尚沒有頭緒。我想未來應該著力在這方面的研究。

即使發現超對稱粒子，也不構成證明超弦理論正確的證據

Galileo──超弦理論是認為弦具有「超對稱」的理論（30頁），那麼如果在使用加速器的實驗中發現了「超對稱粒子」，是否能夠成為證明超弦理論正確無誤的證據呢？

橋本──超弦理論的確是導入超對稱性質的理論，不過假如沒有超對稱的話，超弦理論是否就不成立了呢？關於這一點，事實上連研究者們都不清楚。其實僅是因為超對稱有利於理論的發展，所以就冠上「超」這個字了。

因此，即使利用LHC等加速器發現超對稱粒子，很遺憾的，還是無法證明超弦理論的正確性。相反的，即使未能發現超對稱粒子，也無法否定超弦理論。

想要驗證超弦理論的正確性，一定得確認到源

自基本粒子是「弦」的現象才行。

Galileo——原來重點不在「超」，而是必須發現「弦」的證據啊！

如何應用超弦理論呢？

Galileo——我們知道當想要計算宇宙之始時，可以使用超弦理論。除此之外，還有哪些領域可以用到超弦理論呢？

橋本——想要分析處於特殊狀態下之物體性質（物理性質）時，應用超弦理論之想法的研究，

整個研究室的牆壁就是一面大黑板，橋本教授正在解說弦在9維空間中如何振盪，黑板上面已經寫滿各種數學算式了。

在這10年來有相當顯著的進展。例如，在高溫超導（high-temperature superconductivity）※1的研究中，有應用黑洞理論的例子。有例子顯示使用量子論無法闡明的物理性質之謎，若應用超弦理論的想法，極有可能便能解開。

由於超弦理論是與量子論及重力理論都息息相關的新理論，所以使用它的新想法，重新詮釋無法明白的問題，有時會得到闡明。

舉凡超弦理論等基本粒子的研究，都是企圖了解一切所不知道之事的學問，而非建立在已知之事的延伸上。倘若不拿出新的想法，是絕對無法解決的。特別是超弦理論，這是融合了各種領域的主意架構出來的理論，與自然界現象之間究竟有怎樣的關聯，目前還有許多未知的部分。

Galileo——橋本教授常跟其他領域的研究者共同研究嗎？

橋本——我現在針對「能否應用超弦理論，創造出具有新性質之物質」此想法，與其他領域的研究者共同研究。研究領域就是榮獲2016年諾貝爾物理學獎的「拓樸相」（topological phase）※2。

有關宇宙之始和黑洞中心究竟呈何種狀態這類問題當然重要，但若能夠應用目前已知範圍的超弦理論，來闡明物理性質等問題，我個人覺得是非常有趣的研究。

大學的物理與高中的數學相近？
大學的數學是邏輯學？

Galileo——橋本教授為什麼會走上超弦理論研究的道路呢？

橋本——我原本想要做與數學相關的事。在剛進入大學時，我的志願是數學科。不過，對於大學數學的內容到底是什麼，我是毫無所知。最常聽人說到的就是：大學的生物跟高中學的化學很像，大學的化學則變得很物理，而大學的物理很像數學。至於大學的數學，聽說很像很難搞懂的邏輯學。

我覺得跟我想要學的數學相近的就是物理，而

※1：將特定金屬等冷卻至接近絕對零度（約零下273℃）時，電阻會變為零，該現象稱之為「超導性」（super-conductivity）。高溫超導是指一些具有較其他超導物質相對較高的臨界溫度的物質所產生的超導現象。

※2：「拓樸學」（topology）也譯為位相幾何學，是將物體形狀予以分類的數學理論，「相」是指物質的特定狀態。所謂拓樸相是指使用拓樸學才能說明處於特殊狀態的相。

其中最常用到數學的就是基本粒子的研究，所以我就進入基本粒子論的研究室。在就讀研究所時，獲知能夠統合相對論和量子論的就是超弦理論後，我就開始研究一直到今天。

Galileo——在基本粒子和超弦理論的研究上，看起來的確需要使用大量的數學算式（左頁照片）。

超弦理論的「迷你革命」一直都在持續發生

Galileo——經過1974年的第一次超弦理論革命（25頁）和1995年的第二次超弦理論革命（34頁），超弦理論的研究發展是否已經告一段落了呢？現在的超弦理論究竟處在什麼狀況？

橋本——1997年，研究者馬爾達西納預想有與物理學理論相關性質，這就是「全像原理」（holographic principle）[※3]。在此，想要詳細說明有點困難，我們只能簡單的說，該預想認為對於在不同空間維度的二個理論，其實在數學上是相等的。也就是預想某種超弦理論與我們已經非常了解的基本粒子理論是相等的。

現在的超弦理論研究，恐怕半數以上都與全像原理有關。事實上，在證明了全像原理的預想是正確的之後，科學家認為應該有某種超弦理論在理論上能夠被完全闡明。

Galileo——也就是最後終極理論（量子重力論）一定會被完成，是嗎？

橋本——雖然看似很接近，不過還是略有不同。這是說某種超弦理論可以完全被理解。

當然，光是能夠完全闡明一種超弦理論就已經夠了不起了。不過，這只是個起步，說不定連其他不同論述的超弦理論也都能夠闡明，究竟能夠走到什麼樣的情況，目前我們都不敢斷論。

Galileo—您認為有可能突然冒出超弦理論以外的終極理論（量子重力論）嗎？

橋本——最近，有研究成果發表指出：應該只有假定「弦」的理論，才有可能成為量子重力論。這並非先假設「弦」，然後再來思考量子重力論；

而是更普遍性的來思考可能滿足量子重力論的條件下，最終顯現出「基本粒子的振盪好像是弦」的結果。

如果能夠充分證明這一點的話，理論上，量子重力論只能是弦的理論。倘若我們得知超弦理論在理論上是正確的，那麼接下來只需藉由實驗，找出基本粒子是由弦構成的證據，便能完全證明超弦理論的正確性。

Galileo——您認為證明「全像原理預想」等超弦理論的下一次大革命，大概會發生在什麼時候呢？

橋本——現在的發展趨勢突飛猛進，而且科學家也在使用超弦理論來闡明各式各樣的現象。以大約20年前提出的全像原理預想為發端，應用到物理性質、資訊科學等領域的「迷你革命」，是一直不斷在發生的。對於身處研究現場的研究者而言，或許明天就會有下一個大發現也說不定。

當然，其實這是非常不容易的，或許就算過了50年也完成不了也是有可能的。但是，從現今的發展態勢來看，即使馬上就找到與超弦理論之完成息息相關的大發現，應該也不足為奇。　　　🪐

給想要更進一步瞭解超弦理論的人的書單

書名：超弦理論：探究時間、空間及宇宙的本原
作者：（日）大栗博司
出版社：人民郵電出版社（簡體中文）

書名：超弦：一種包羅萬象的理論？
作者：（英）p·c·w·戴維斯等 編著
譯者：廖力、章人杰
出版社：中國對外翻譯出版公司（簡體中文）

書名：超弦和M理論導論（第2版，簡體中文）
出版社：世界圖書（北京）出版公司
作者：（美）加來道雄

書名：優雅的宇宙（The elegant universe：superstrings, hidden dimensions, and the quest for the ultimate theory）
作者：格林恩（Brian Greene）
譯者：林國弘等
出版商：台灣商務（繁體中文）

※3：畫在2維（平面）上面看起來卻像是3維（立體）的特殊圖像，稱為「全像」（hologram）。轉換此概念，將此可見於物理學理論的性質，稱為全像原理。

超弦理論「傳道士」所提供的 理論物理學現況

一方面他是活躍的超弦理論研究者，另一方面他又是以淺顯易懂的方式，將該理論傳達給一般大眾的第一人，他就是鼎鼎大名的格林恩（Brian Greene）博士。解說超弦理論的著作《優雅的宇宙》（台灣商務書局於2003年出版）是本在全世界總銷售量超過100萬冊的暢銷書。在下面的內容中，讓我們來看看超弦理論的傳道士──格林恩博士訴說理論的內容和它的魅力所在。

＊本篇係2016年所進行的採訪內容。

Galileo──您成功地將超弦理論的魅力傳達給全世界人知道的著作《The Elegant Universe》（台灣書名：優雅的宇宙）的標題，是如何想出來的呢？您認為宇宙的哪些點是「Elegant」（簡潔、美麗、優雅之意）呢？

格林恩──在過去的數百年間，我們對宇宙的理解加深了許多。從球往斜面滾落的現象到彗星在太陽周圍繞行的現象，所有的現象皆可用極為單純的數學方程式來表現。

「單純」的說法也許有語病。不過我們知道利用這樣的方程式能夠說明多彩多姿的現象。乍看來非常複雜的所有現象，皆能單純化為方程式這樣的數學符號，這就是「Elegant」。

在《優雅的宇宙》當中，我考察了在量子論和廣義相對論這些已經確立理論之後的先銳理論──超弦理論。如果該理論正確的話，宇宙論將會有飛躍性的進展。因為重力、電磁力、弱力和強力，可以納入較為單純的框架之中，這些力可以用幾個比較單純的方程式來記述。如果能夠證明這是正確的話，應該就可以說達到「Elegant」的境界了。

了解宇宙的真正面貌時，必須要有超弦理論

Galileo──超弦理論是企圖統合量子論和廣義相對論的理論（36頁）。物理學家為什麼會想要統合這二大理論呢？

格林恩──有人主張廣義相對論應適用於恆星、星系這類大尺度的對象，量子論則只適用於分子、原子和基本粒子這類微觀尺度的對象，實際上，也是這麼在實踐的。而大部分的物理學家也都只操作單方的理論，對於這樣的區分完全沒有疑問。

然而，問題是如果想要深入了解宇宙機制，會有務必得使用組合量子論和廣義相對論才能理解的領域。

Galileo──需要組合雙方理論來使用，具體來說是什麼樣的區域呢？

格林恩──舉例來說，在黑洞的深部區域，巨大的能量壓縮在極為微小的範圍之中。處理這樣極端微小區域時，需要用到量子論。換句話說，必須同時使用處理重力的廣義相對論和量子論。

布萊恩・格林恩 Brian Green
美國哥倫比亞大學物理學暨數學教授。美國哈佛大學畢業後,在英國牛津大學取得博士學位。專長為超弦理論。台灣商務書局出版他的著作《優雅的宇宙》,另外像《Icarus at the Edge of Time》、《The Hidden Reality》等書在世界各地也都獲得廣泛的迴響。

同樣的，關於宇宙誕生的瞬間，我們還有很大一部分都不清楚，不過我們認為應該是存在巨大質量的環境。現在可觀測的全宇宙，原本是壓縮在極小的範圍內。因為量子論是處理微小範圍，廣義相對論是處理巨大質量，因此必須組合這兩者來使用才行。

因此，如果要毫無破綻的揭露宇宙真正的樣貌，而沒有統合這二大理論的理論，是絕對辦不到的。因此，我們的目標是構築一個可將這些在同一框架下處理的理論。

超弦理論完成後，更刺激的時代將到來

Galileo—— 現在，超弦理論研究必須克服的課題是什麼呢？

格林恩—— 最大的課題在於目前尚未就具有決定性的實驗作出可以通過實驗實證或反證之預測。提出假說，藉由實驗驗證假說的正確性是科學的基本，這就是驗證假說正確與否的唯一方法。

但是，因為超弦理論所處理的弦極為微小，因此是個非常難以實證的理論。作為一個描述宇宙的理論，超弦理論是否正確，現階段還無法確定。

Galileo—— 如果這個被形容為終極理論、萬物理論的超弦理論完成的話，是否意味著物理學已經抵達最後的終點了呢？

格林恩—— 假設超弦理論得到實證，那麼在宇宙探求上的確可以此做為分水嶺。探尋「構成映入我們眼中之所有物質的基本要素、構成宇宙之所有機制」的章節在此告一段落。但是，這是科學的終點嗎？物理學已走到盡頭了嗎？不是的！情況將會有新的發展。

物理學家費因曼（Feynman Richard Philips，1918～1988，也譯為費曼）曾經說過：「數學跟物理學就像在旁邊看上帝下西洋棋」，我想這算是一句名言。初學者都是從在旁邊學習西洋棋規則開始的，在搞懂規則之後，難道西洋棋的棋局就結束了嗎？當然不是！這只不過是個開始而已。接下來應該是靈活運用規則，一邊思考有趣的戰略，一邊在棋局中取得優勢。

假設我們正在學習自然界的、宇宙的規則。即使超弦理論就是這些規則，它的完成也不代表就是物理學的終點。在某種意義上，這是個開始。

活用這個規則，我們可以嘗試解答「宇宙來自何方？為什麼世界不是『無』、而是『有』？1000億年後，宇宙將會變成什麼樣？」這些積存已久的疑問。

如果超弦理論獲得了實證，研究就會轉移到探求的下一個階段。我想將會是個非常刺激的時代。

Galileo—— 如果超弦理論完成的話，是否與闡明可以說是物理學最大謎團的「宇宙創生之謎」息息相關呢？

格林恩—— 我之所以對超弦理論充滿興趣，並且堅持不懈的研究，就是很想找出人類自古以來就有的大疑問：「宇宙是從哪裡來的？怎麼開始的？」的答案。

超弦理論極有可能會找到這個問題的答案。這個宇宙是唯一的存在，而萬物皆由此開始的呢？或者是有眾多宇宙存在，並沒有所謂的開始……。這些可能性應該都有，而真正的答案一定是任何人都想像不到的。

Galileo—— 光是人類有可能解開如此奧妙之謎的本身，就讓人覺得很有趣了。

格林恩—— 在超弦理論尚未誕生的很早以前，就已有一個難題困擾著科學家。這就是當宇宙變得極端小的時候，最後會發生什麼樣的事。科學家認為在宇宙誕生的大霹靂時，曾經實際發生過這樣的事。

問題是當宇宙變得極端的小，就會處在完全無法想像的高溫、高密度的極端條件下，因此科學家無法運用數學來分析究竟發生什麼事。

根據超弦理論的某個推論，宇宙逐漸縮小，當它縮小到半徑跟弦的長度差不多，而還要再繼續縮小時，發生了非常值得玩味的事。

「宇宙尺寸還要再縮小」這件事與「宇宙

※1：測量長度時，需要有做為長度基準的直尺。但是在基本粒子層級，具有量尺功能的只有基本粒子而已。亦即，在此之前的基本粒子物理學中，能當成量尺來用的就是大小為零的點狀粒子；在超弦理論中，就是弦。目前知道的是：跟使用點狀粒子為量尺不同的，在使用弦為量尺的情況下，長度的概念會變得曖昧模糊。結果，弦長度2分之1（R分之1）的宇宙和弦長度2倍（R倍）的宇宙，在物理學上是同等的，變得無法區別了，這就稱為「T對偶性」。

變大」這件事在物理學上是等效的（變得無法區別），此一對應關係稱為「T對偶性[※1]」（T-duality）。根據該想法，不管如何上溯到宇宙誕生，宇宙的大小都無法小到零的程度。

Galileo——變小和變大是相同的事……。這樣的說法簡直就跟禪宗的妙問玄答有異曲同工之妙。這樣的想法是逼近宇宙誕生之謎的關鍵，對吧！

如果沒有隱藏維度的話，超弦理論就會露出破綻

Galileo——超弦理論認為這個世界為10維時空（空間9維度＋時間1維度），或是11維時空（空間10維度＋時間1維度），是嗎？

格林恩——我在讀碩士班的1980年代中期學到超弦理論時，當時確定維度數量為10，於是就在這樣的前提下從事研究。

當時感覺最棘手、最不想面對的，就是超弦理論有5種不同的理論。超弦理論有5種性質和特徵，實在是有點尷尬的狀況。但是到了1990年代中葉，我獲知過去被認為是5種超弦理論，並非各成其事，沒有關聯的理論。

這5種理論都是進入放在同一框架中之「統一理論」的入口。將維度從10維度增加到11維度，並認為除了弦之外，還有膜（brane）的存在，據此而將5種理論統一，這就是「M理論」[※2]。在1990年代中葉以前，維度一直都被忽略，研究者並未將之放在心上。

Galileo——為什麼這個世界必須是10維或是11維時空呢？

格林恩——老實說我並不知道原因。目前研究者仍無法適切說明超弦理論和M理論所導出的10或是11這個數字。

倘若在3維空間和1維時間的狀態下，理論就完成那該有多好。但是，就數學性來考量的話，假設只存在3維空間和1維時間的話，計算就會露出破綻而無法運作，也就無法說明理論了。

但是超弦理論若是10維度的話，我們知道就

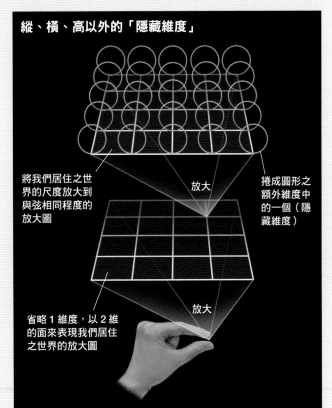

縱、橫、高以外的「隱藏維度」

將我們居住之世界的尺度放大到與弦相同程度的放大圖

放大

捲成圓形之額外維度中的一個（隱藏維度）

省略1維度，以2維的面來表現我們居住之世界的放大圖

放大

根據超弦理論的說法，我們所居住的世界是9維或是10維空間。我們只認識縱、橫、高的3維空間，因此其餘的6～7維度都是「隱藏」的。

隱藏維度（額外維度）正如上面插圖所示，尺度跟弦差不多，而且「捲成圓形」。在捲成圓形的維度中，持續朝相同方向前進的話，最後會回到原來位置。此外，在插圖中，雖然捲成圓形的維度（以圓表現）僅配置在格子的交點，實際上捲成圓形的維度隱藏在整個面（空間內）內的所有點上。

能正確描述了。這件事讓我們非常震驚，也大受打擊。並不是在維度的數量方面有疑慮或困擾，而是來自於「若不增加維度即無法運作」的「數學性警告」。

Galileo——不管是10維度或是11維度，都讓人難以想像。超弦理論研究者到底是怎麼讓這樣高的維度具象化的呢？

格林恩——對我而言，要在心中描繪出高維度宇宙的具體樣貌，是我辦不到的事。而且，我也不認為有誰能夠辦到。

我們的腦很明顯就是演化為能在3維空間的世界中生存的機制，因此在思考高維空間的能力方面有其界限。所以，包括我在內的大部分

※2：「M理論」這樣的說法定義並不明確，不同的研究者感覺會有微妙的不同。現在，大多數的研究者都未將M理論定位為統合5種超弦理論版本的理論，而是將M理論也包括在超弦理論之中。

研究者都是使用從低的維度類推來進行研究。

如果是類推無法得到直覺時，我會使用方程式。數學之美在於它能成為記述眼睛無法看見之事物的語言。不管是4維度、5維度或者是10維度，記述方程式都極為簡單，而且也知道該怎麼做。

Galileo——在我們眼前應該不存在超過3維空間的維度吧？

格林恩——額外維度（隱藏維度）是無所不在的。

我們稱之為「空間」的東西，其真正的身分是什麼呢？

Galileo——若將超弦理論的弦比喻成小提琴的弦時，相當於小提琴之琴身的則是「膜」，聽說近年來，膜研究逐漸受到重視（請參考32～35頁），請問是為什麼呢？

格林恩——關於在超弦理論研究史初期被忽略

膜世界假說

註：插圖所繪的膜為3維度的物體，在此省略高的方向。

黏附在膜上滑動般運動的「開弦」

從膜上分離而可移動的「閉弦」

膜

高維度的方向

放大

膜
（我們居住的世界）

根據膜世界假說，我們所居住的世界就像是浮在高維空間中的膜。物質和光相當於開弦，因為開弦的兩端黏附在膜上無法離開，因此物質和光無法往高維度的方向移動。

另一方面，閉弦相當於是傳遞重力的基本粒子「重力子」。因為閉弦沒有端點，因此可以離開膜而四處移動。換言之，只有重力可傳遞到高維空間。

的「膜」這個新的要素，現在已有很多人在研究，而且發表了數量龐大的論文。

跟弦一樣，膜也會振動、也會移動。它跟弦不一樣的地方在於膜可以成為我們慣例中所稱之「宇宙」的「基礎」。

弦是1維的物體，不管它有多長，上面都無法「居住」。那麼，若是3維物體的膜的話，情況又是如何呢？在「膜宇宙假說」的推論中，我們所生活的這個世界的現實，也許是發生在3維度的膜「上面」的情況。

為了確認這樣的推論是否合理，進行過非常多的研究。不過，得到的結論只是這樣的推論極有可能是現實而已。我們長期以來所認為的「空間」，說不定實際上是3維度的膜。

Galileo——膜是由什麼物質構成的呢？是由弦聚集而成的嗎？

格林恩——現階段我們還不知道弦是不是真的就是自然界「最基礎的構成要素」。因此，也有可能是比弦還要微細的東西構成的也說不定。

同樣的，更高維度的膜，它們本身也許就是「最基礎的構成要素」，也或許是由更微細的要素所構成。沒有真正所謂的「最基礎的構成要素」，或許它會因為對東西的看法、數學式、理論等之切入角度的不同而有所差異也說不定。

除了我們居住的宇宙之外，還有很多不同的宇宙嗎!?

Galileo——根據膜宇宙假說，好像在加速器LHC中有可能形成微型黑洞（參照78頁），您對這點有什麼看法呢？

格林恩——在微型黑洞的形成上，必須是遠比傳統力學所思考還要強許多的重力（萬有引力），作用在極小尺度的粒子上面才有可能。膜宇宙假說的劇情具有這樣的可能性。

在其演繹的劇情中，認為因流入高維度空間的關係，重力被「稀釋」了，所以在我們日常生活尺度下的重力變得較弱。假如這個劇情是正確的話，那麼意味著在極小尺度下，因為在重力「擴散」之前就被捕捉，所以引力遠比在我們世界所呈現的還要大。

Galileo——如果在LHC中實際生成微型黑洞的

話，會帶來多少衝擊呢？

格林恩──倘若真的利用LHC生成微型黑洞，那麼應該可以說是有史以來最戲劇性的實驗發現吧！但是光憑這點並無法證明超弦理論的正確性。

　　顯示形成微型黑洞之可能性的理論體系，並非只有超弦理論而已。然而，倘若實際發現微型黑洞的話，對超弦理論而言會有極大的飛躍性進展，對科學來說應該也是令人吃驚的瞬間。若能夠在實驗中製造出宇宙最奇異的構造之一「黑洞」的話，對人類而言當然是值得驚嘆的瞬間。

Galileo──在您的著作《The Hidden Reality》（隱藏之現實）中，描述了超弦理論與「眾多宇宙存在之可能性」的關聯。請問該描述的依據是什麼呢？

格林恩──在過去30多年的研究中所了解的狀況是：從超弦理論的方程式導出實際上可能存在許多不同的宇宙。

Galileo──也就是說可能存在與我們所居住之宇宙不同的宇宙，是嗎？

格林恩──根據超弦理論而能夠思考出多個宇宙這件事稱為「超弦理論地景」（地景為landscape之直譯）。我們不僅是將超弦理論視為記述可觀測宇宙的理論，同時也認為它是描述數量龐大之其他宇宙、眼睛看不到之現實的架構。

　　幾乎所有的宇宙都隱藏著，我們的宇宙只不過是廣大的「多宇宙」的極小部分而已。這樣想的話，「為什麼電子、夸克等基本粒子具有可觀測的質量？」、「為什麼重力是我們觀測到的這種強度呢？」這類現在我們認為根源性的問題，其實並不具有什麼根源性，說不定是歷史的，又或者是環境的偶然所造成（參照右上的插圖）。

Galileo──您的意思是說：「基本粒子的質量、重力等力的強度並不是一個必然的值，也許是在宇宙誕生之際偶然造成的。假設有別的宇宙存在的話，在那裡，這些的值或許都不一樣也說不定」，是嗎？

格林恩──像這類的想法並不能被普遍接受。

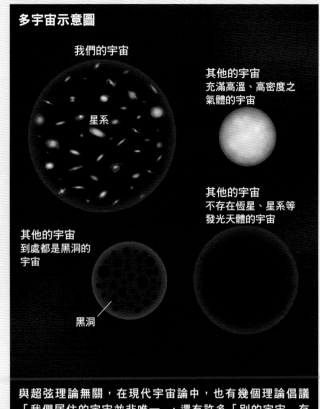

多宇宙示意圖

我們的宇宙

星系

其他的宇宙
充滿高溫、高密度之氣體的宇宙

其他的宇宙
不存在恆星、星系等發光天體的宇宙

其他的宇宙
到處都是黑洞的宇宙

黑洞

與超弦理論無關，在現代宇宙論中，也有幾個理論倡議「我們居住的宇宙並非唯一」，還有許多「別的宇宙」存在。有的理論認為我們所居住的宇宙跟其他宇宙在空間上是隔絕的；也有理論認為在空間上是相連的，不過是位在無法觀測的遠方等等，版本非常多。

　　根據超弦理論，在其他的宇宙中，基本粒子的質量和力的強度等可能會有所不同。就像上面插圖所示，或許會有不存在發光天體的宇宙、充滿黑洞的宇宙等情況跟我們的宇宙有極大差異的宇宙也說不定。

但是，並沒有方程式導出「我們所在的宇宙可能是唯一的」這樣的推論，我認為這樣的結論非常自然。

Galileo──超弦理論也有極大可能會改變我們的宇宙觀。謝謝您接受本刊的採訪。

　　大約經過30年持續不斷研究的超弦理論，至今雖然尚未完成，但是研究的腳步依然穩健地向前邁進。一旦超弦理論完成，誠如格林恩博士所說的，物理學將迎接新時代的到來。駕馭超弦理論，或許可以闡明宇宙創生之謎，也或許將為我們帶來顛覆世界觀的宇宙樣貌。🪐

大栗博司
美國加州理工學院Kavli講座教授（Director and Fred Kavli Professor of Theoretical Physics and Mathematics）
及華爾特柏克理論物理學研究所所長、曾任亞斯本物理學中心所長、東京大學Kavli宇宙物理和數學研究所主任研究
員、理學博士。1962年出生於日本岐阜縣，東京大學理學部畢，專門研究基本粒子論。著作包括有：《重力是什麼？》
《大栗老師的超弦理論入門》、《用數學的語言看世界》等。

「萬物理論」的探索歷程

切入現代物理學最尖端世界

「萬物理論」（Theory of Everything）是物理學者長年追求的理論。這個理論若能完成，將能說明從微觀的基本粒子世界到廣大無垠的宇宙等一切現象的根本原理；而「超弦理論」則被視為這個理論最有力的候選者。萬物理論／超弦理論究竟是什麼樣的理論呢？讓我們來請教研究超弦理論頗有心得的大栗博司博士。

＊本篇係2016年所進行的採訪內容。

Galileo——請問老師「超弦理論」[※1]究竟是什麼樣的理論呢？

大栗——原子內部有原子核和電子，原子核內部有質子和中子，更裡面有夸克，這樣的微觀世界是由量子力學的定律在控制著。

而另一方面，浩瀚的宇宙則是由重力的理論（廣義相對論）在控制。若想了解宇宙剛誕生之際，大霹靂發生時的微小宇宙的狀態，必須同時考量微觀世界的定律（量子力學）和宏觀世界的重力理論才行。但是，量子力學和重力理論之間卻有矛盾存在（詳情請看68頁說明）。

為了闡明宇宙是如何開始的，必須解決這個矛盾才行。而最有希望解決這個問題的候選者，就是「超弦理論」（superstring theory）。

Galileo——根據超弦理論，這個世界是個「9維度空間」吧！但是，一般我們都認為這是一個長、寬、高的3維度空間。

大栗——就舉例來說吧！19世紀時，馬克士威（James Clerk Maxwell，1831～1879）創立了電磁學。他使用一組方程式（馬克士威方程式）說明了電和磁的性質。事實上，馬克士威的理論無論在幾維空間都會成立。同樣地，愛因斯坦的重力理論（廣義相對論）也是不管在幾維空間都會成立的理論。

Galileo——原來是這樣啊！那麼，為什麼超弦理論會提出9維度空間呢？

大栗——20世紀的物理學支柱，主要是量子力學和廣義相對論這兩個理論。但是在這兩個理論之間，有數學上的矛盾存在。1970年代初期，我們發現，事實上，這個數學上的矛盾，如果是某個特定的維度即可獲得解決。在數學上沒有矛盾的理論，是在9維度（或是10維度）。

Galileo——我們的世界，基本上可以看到長、寬、高這3個維度，那麼，其餘的6個維度具有什樣樣的意義呢？

大栗——我們逐漸明白，似乎是因為有了6個額外的維度，才得以產生出基本粒子世界的豐富結構（在此之前始終不明白為什麼基本粒子會如此豐

※1：超弦理論是把一切基本粒子以具有長度的「弦」來表現，基本粒子物理學最尖端的研究理論。

富）。英語有句話「Blessing in Disguise」，就是「不幸中的大幸」的意思，幸好不是3維度而是9維度的理論，反而能夠順利進展。

Galileo——現在已經發現的或預言存在的基本粒子性質，無法以世界為3維空間來加以說明嗎？

大栗——根據以往的基本粒子理論，一共有17種基本粒子（左下方插圖中，除了重力子以外的17個）。超弦理論主張，這些基本粒子全都是由1種弦所構成。要由1種弦創造出如此多樣化的世界，一開始就覺得3個維度有困難。

Galileo——如果要依據超弦理論來理解自然界的機制，則會從數學上導引出「空間必須是9個維度」的答案，是不是這樣呢？

大栗——沒錯。我們希望，從數學的整合性來決定維度，到最後連「這個空間為什麼看起來是3個維度」這個問題也能夠加以說明。

何謂「超弦理論」？

Galileo——那麼，剛才我們提到好幾次的「超弦理論」，究竟這是個什麼樣的理論呢？

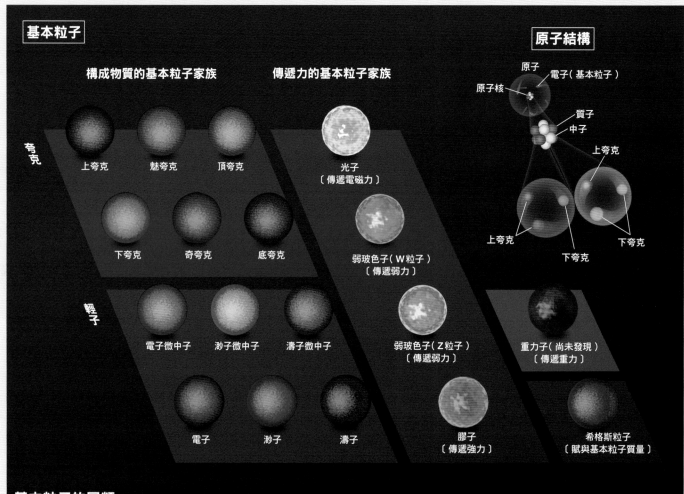

基本粒子

構成物質的基本粒子家族

夸克

上夸克　魅夸克　頂夸克

下夸克　奇夸克　底夸克

輕子

電子微中子　渺子微中子　濤子微中子

電子　渺子　濤子

傳遞力的基本粒子家族

光子〔傳遞電磁力〕

弱玻色子（W粒子）〔傳遞弱力〕

弱玻色子（Z粒子）〔傳遞弱力〕

膠子〔傳遞強力〕

原子結構

原子　電子（基本粒子）

原子核

質子

中子

上夸克

上夸克

下夸克

下夸克

重力子（尚未發現）〔傳遞重力〕

希格斯粒子〔賦與基本粒子質量〕

基本粒子的同類
所謂的基本粒子，是指無法再分割開來的自然界的「最小零件」。除了上夸克、下夸克、電子之外，其他基本粒子並非構成我們周遭物質的基本粒子，而是在基本粒子的實驗設施中以人工製造出來，或是因為宇宙射線（來自宇宙的放射線）和大氣衝撞而產生。夸克家族的成員有6種，電子和微中子的族群（輕子）也有6種。右上方的插圖表示原子的構造，原子是構成我們周遭的物質的基本單位。

大栗——超弦理論原本是「弦理論」（string theory），是獲得2008年諾貝爾物理學獎的南部陽一郎老師在1970年提出的理論。南部老師指出，如果假設物質的根源不是（依據當時的基本粒子物理學所認為的）沒有大小的點狀粒子，而是具有1個維度的弦，便能完美地說明在當時的實驗中所發現的基本粒子的性質（右邊插圖）。

深入調查這個理論之後，得知還有尚未發現的基本粒子存在。而在詳細探究它的性質之後，發現它是在傳遞重力。也就是說，原本是在思考基本粒子的理論，但是在計算看看之後，卻成為連重力也包括進去的理論。

Galileo——若留意的話會發現：原本傷腦筋的課題——量子力學和重力理論自然而然地就統一起來了。

大栗——我認為，這是很重要的一步。不過，遺憾的是，在那之後經過大約10年的時間，超弦理論並沒有獲得重視。話雖如此，但是，如果超弦理論真的能夠說明量子力學等的性質，那麼，超弦理論也必須能夠說明當時已經逐漸確立的「標準模型」（也稱標準理論）[※2]才行。可是，當時還沒有辦法依據超弦理論來說明在電子及微中子之間作用的「弱力」（weak force）的性質。

Galileo——這個問題後來如何解決？

大栗——雖然在那個時代，標準模型是基本粒子物理學研究的主流，但美國物理學家史瓦茲博士（John H. Schwarz，1941～）依然持續進行研究。到了1984年，他和英國物理學家格林（Michael B. Green，1946～）一起找到了解決這個問題的數學方法。

Galileo——當時，大栗老師還是個學生吧！您還記得當時的情形嗎？

大栗——這項理論發表的那一年，我剛好進入研究所攻讀碩士。在暑假的時候，聽說位於美國柯羅拉多山區的亞斯本物理學中心（Aspen Center for Physics）似乎有了什麼重大的發現。

現在，如果有人發表新的論文，我們可以立刻透過網路閱讀。但在當時，必須花上2、3個月，利用船運從美國送來，再拜託老師複印一份論文

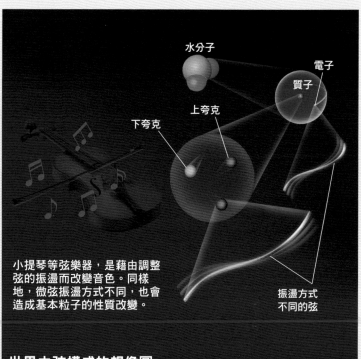

小提琴等弦樂器，是藉由調整弦的振盪而改變音色。同樣地，微弦振盪方式不同，也會造成基本粒子的性質改變。

世界由弦構成的想像圖
超弦理論主張所有基本粒子都是由1個維度的極小微弦所構成。基本粒子的性質依據弦的振盪方式等因素而決定。在超弦理論中，若要使理論圓滿無缺，必須思考9個維度的空間，利用9維度空間中弦的振盪方式，能夠完美說明目前已經確認之基本粒子的性質。

給我們。

Galileo——現在真是無法想像這種情景。但似乎也是因為那樣的時間落差，促使您比其他國內的科學家更早進行研究吧！

大栗——事實上，在那之前，史瓦茲博士是獨自一個人孜孜不倦地進行研究，所以就連我的老師也不是很了解它的內容。因為這樣的緣故，我認為，即使是個碩士一年級的新生，只要努力用功的話，也能進行最尖端的研究。因此，就決定了要做超弦理論的研究。

在提出論文那年的下半年，我們逐漸明白，如果把9個維度之中，長、寬、高以外的6個額外維度變成「卡拉比-丘捲縮空間」（Calabi-Yau space）的話，就可以引導出基本粒子的標準模型。而且，也有人發表了一個理論，說明卡拉比丘捲縮空間的什麼性質在決定基本粒子的標準模

※2：標準模型為建構現代基本粒子物理學的基礎的多個理論。但是，因為沒有把重力納入考量，而且對於宇宙中大量存在的暗物質（請參考67頁註釋）也無法妥善說明，所以還必須有成為萬物理論的其他理論才行。

型中的夸克的數量及種類。

像這樣，我們一舉得知，基本粒子的標準模型和重力理論的統合，可以在超弦理論中實現。而能做到這件事的理論，目前也只有超弦理論而已。

Galileo——現在聽您這麼說，超弦理論的問題已經獲得解決了，所以感覺上好像萬物理論也就順利完成了，是不是呢？

大栗——當然不是。這是科學，如果沒有經由實驗及觀測加以驗證的話，並沒有任何意義。

例如，利用瑞士日內瓦近郊的巨大加速器LHC（Large Hadron Collider，大型強子對撞型加

速器）進行的類似實驗，如果是在和標準模型的基本粒子差不多程度的能量下所發生的現象，是能夠加以確認沒錯。但是，很遺憾的，利用現在既有的加速器進行的實驗，並無法驗證在比標準模型高出好幾個數量級能量下所發生的現象。因此，利用地面的加速器來直接驗證（有必要確認在更高能量下所發生的現象）超弦理論或許有其困難。

Galileo——沒有其他方法可以用來驗證超弦理論了嗎？

大栗——例如，我們認為在宇宙初期有一個暴脹[※3]

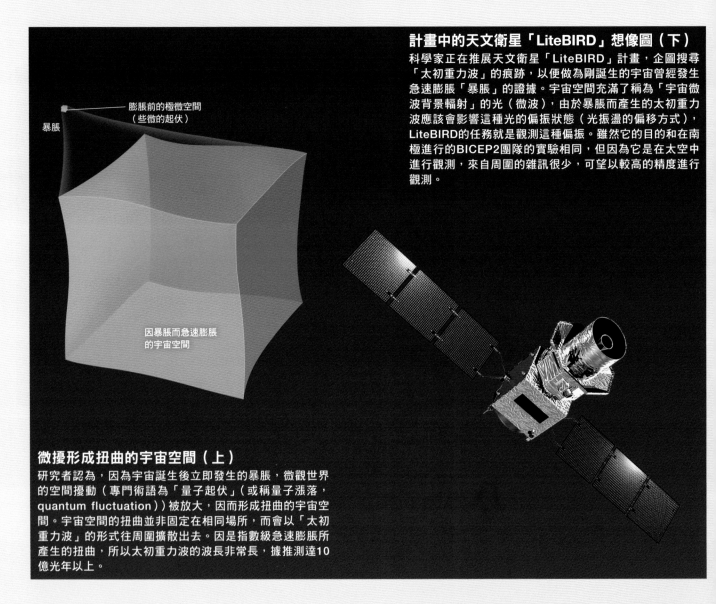

計畫中的天文衛星「LiteBIRD」想像圖（下）
科學家正在推展天文衛星「LiteBIRD」計畫，企圖搜尋「太初重力波」的痕跡，以便做為剛誕生的宇宙曾經發生急速膨脹「暴脹」的證據。宇宙空間充滿了稱為「宇宙微波背景輻射」的光（微波），由於暴脹而產生的太初重力波應該會影響這種光的偏振狀態（光振盪的偏移方式），LiteBIRD的任務就是觀測這種偏振。雖然它的目的和在南極進行的BICEP2團隊的實驗相同，但因為它是在太空中進行觀測，來自周圍的雜訊很少，可望以較高的精度進行觀測。

膨脹前的極微空間（些微的起伏）

暴脹

因暴脹而急速膨脹的宇宙空間

微擾形成扭曲的宇宙空間（上）
研究者認為，因為宇宙誕生後立即發生的暴脹，微觀世界的空間擾動（專門術語為「量子起伏」（或稱量子漲落，quantum fluctuation））被放大，因而形成扭曲的宇宙空間。宇宙空間的扭曲並非固定在相同場所，而會以「太初重力波」的形式往周圍擴散出去。因是指數級急速膨脹所產生的扭曲，所以太初重力波的波長非常長，據推測達10億光年以上。

※3：暴脹係指在宇宙剛誕生時可能曾經發生的空間急速膨脹。這個時候有可能產生了特有的重力波（太初重力波），因此科學家正在努力探索，以做為暴脹的證據。

（inflation）的時期。由於暴脹可能是在非常高的能量下發生的，所以如果能夠直接觀測它的痕跡，那麼是不是也能夠驗證超弦理論呢？

Galileo──談到暴脹，在大約2年前，曾經傳出發現了它的痕跡的消息。

大栗──目前在南極進行觀測的BICEP2（Background Imaging of Cosmic Extragalactic Polarization 2，宇宙星系外偏振背景成像二代）團隊，曾經發布疑似發現了太初重力波[4]（primordial gravitational wave）的痕跡（暴脹的證據）的消息。可惜的是，這項觀測結果有可能是把受到銀河（我們居住的銀河系）中的氣體的影響所產生的效應，誤判為太初重力波的痕跡，所以現在並沒有把它認定是太初重力波的直接證據。

我目前期待的是，在這10年左右的期間，由日本主導而提案的「LiteBIRD」（Lite（Light）satellite for the studies of B-mode polarization and Inflation from cosmic background Radiation Detection）這項衛星觀測實驗的計畫（參照左邊的插圖）。如果這項計畫能夠成功，則暴脹的驗證，甚至超弦理論的驗證，都將迎刃而解吧！

Galileo──LiteBIRD也和BICEP2團隊的實驗一樣，目的是在尋找太初重力波的痕跡嗎？

大栗──是的。兩者都一樣，是在觀測宇宙微波背景輻射的偏光（振盪方向偏移的光），藉此尋找太初重力波的痕跡。LiteBIRD是在太空進行觀測，因此我們可以期待它的觀測精度比在南極進行觀測的BICEP2團隊的實驗更高。

當然，也有可能從其他料想不到的地方驗證暴脹。現在，包括日本在內，全世界各地都在探索暗物質[5]（dark matter）。說不定在發現的暗物質的性質當中，也會有與超弦理論的預言直接相關的線索。

Galileo──所謂的暗物質，是什麼樣的東西呢？

大栗──暗物質的候選物質，可大致分為2類。第一類候選者稱為弱交互作用大質量粒子（weakly interacting massive particles，WIMP），這種粒子非常重，和其他物質的交互作用很弱。位於日本岐阜縣神岡礦山廢坑中的實驗裝置XMASS也在進行觀測。另一類候選者稱為軸子（axion），這種粒子是近似電磁性的東西，它的性質與其說是粒子，不如說是更接近波。

Galileo──這些暗物質的候選者和超弦理論之間有什麼樣的關係呢？

大栗──在超弦理論中，含有可以成為WIMP或軸子的候選者的東西。因此，如果發現WIMP或軸子，並且得知它們的性質，就可以拿來和依據超弦理論所預測的性質做比對。

此外，利用LHC的實驗，也有可能發現超對稱性理論所預言的粒子（超對稱性粒子。也是WIMP的候選者）。在超弦理論中有涵括超對稱性在內，所以自然也預言了超對稱性粒子的存在。如果以LHC能夠實現的能量，可以觀測到超對稱性粒子的話，那麼超弦理論所預言的其他現象，或許也能以這個程度的能量進行驗證。就這個意義而言，地面的實驗也還保留著能夠進行驗證的可能性。

Galileo──意思是說，即使無法直接驗證超弦理論，但藉由發現新的粒子，還是能間接地驗證超弦理論的正確性吧！

大栗──這全託實驗和觀測的技術突飛猛進之福。在我還是研究生的時代，宇宙物理好像只要數量級合就可以了。當時根據推估值，甚至還出現宇宙年齡比恆星年齡還要年輕這種莫名其妙的說法。

在那之後，確實是因為觀測技術的進步，如今才能以4個位數的有效數字來計算宇宙的年齡。雖然我們說宇宙的年齡是大約138億歲什麼的，但我覺得，能夠了解到如此精密的程度，真的是不簡單啊！

當然，理論上的理解也在不斷地進展。雖然路途還很遙遠，但藉由實驗和理論雙方面的進步，已經逐漸看得到超弦理論的驗證之路了。

Galileo──謝謝您接受訪問。　　　　　　　🪐

※4：重力波是空間的伸縮轉化為波往周圍擴散的現象。2016年2月12日，美國的「雷射干涉儀重力波天文台」（Laser Interferometer Gravitational-Wave Observatory，LIGO）宣布領先全球首次直接觀測到重力波。

※5：宇宙中存在大量的暗物質，這種未知物質具有質量，會對周圍產生重力的影響，無法以光（電磁波）觀測到。

Q1 「量子力學與廣義相對論的矛盾」為何？

大栗博士在專訪中指出：「量子力學與廣義相對論之間是有矛盾的」，這裡所說的矛盾指的是什麼呢？

微觀世界中的所有物質都在晃動

這個世界的所有物體都是由原子組成的，而原子是由更小的原子核和電子所構成，而原子核是由「質子」和「中子」組成。中子和質子是由稱為「上夸克」和「下夸克」的「基本粒子」構成，而電子也是一種基本粒子。研究者認為基本粒子是無法再分割的自然界最小單位，是沒有大小的點。

量子力學是說明原子和基本粒子等微觀物質之行為的理論。根據量子力學，所有現象都是「機率性」發生的。舉例來說，準備二個盒子，其中一個盒子內放了一顆球。一般來說，若其中一個盒子有球，另一個盒內就不會有球。但是在量子力學的世界，會發生一個球（微觀粒子）可能「同時存在二個盒中」的狀況。球到底位在哪個盒中是在打開盒子「觀測」的瞬間才確定的。觀測前所能確定的，就是「二個盒子皆有50％的機率有球在其中」。

另外，量子力學的基本法則之一，就是「測不準原理」（uncertainty principle）。根據該原理，例如：某物體的位置已經確定，那麼該物體的速度（嚴謹地說，就是「動量」（質量×速度））就會變得不確定（擾動變大）；反之，若某物體的速度確定了，那麼該物體的位置就無法確定。像位置與動量這樣的關係僅是測不準原理的一個例子而已，目前已知在微觀世界中，測不準原理在各種物質之間都成立。亦即，微觀世界受到擾動的支配。

量子力學的原子意象圖

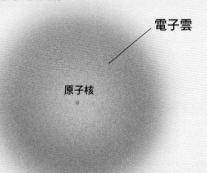

電子雲

原子核

插圖是量子力學所思考的原子結構意象圖。插圖中的藍色雲霧並非代表多個電子，而是表示一個電子所能存在的區域，此稱為「電子雲」，而電子雲的形狀會因為在原子核周圍的電子數目等而異。雖然一般大多將電子描繪成在原子核周圍繞轉的意象，但是量子力學認為電子是機率性分散在可能存在區域中。

在微觀世界中，重力會變得無限大？

另一方面，「廣義相對論」是處理像天體這類巨觀物體之現象的理論。根據廣義相對論，在具有質量的物體周圍，空間會產生扭曲，因空間扭曲的影響，物體承受了重力。

在思考微觀世界的重力時，在廣義相對論的基礎上，還必須適用量子力學。但是，由於微觀世界乃受擾動的支配，因此就連具質量之物體周圍所產生的空間扭曲也是擾動的。

一旦空間發生擾動，使用現在的理論將無法正確計算出重力的大小。硬是要計算的話，也只會得到「重力無限大」這個無意義的答案。此意味理論出現破綻，因此迫切需要一個能夠正確計算微觀世界之重力的理論。

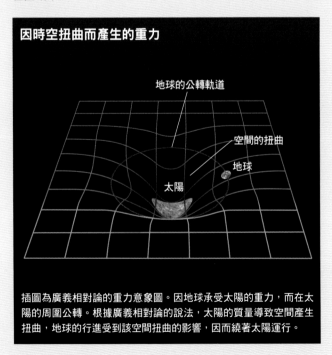

因時空扭曲而產生的重力

地球的公轉軌道

空間的扭曲

地球

太陽

插圖為廣義相對論的重力意象圖。因地球承受太陽的重力，而在太陽的周圍公轉。根據廣義相對論的說法，太陽的質量導致空間產生扭曲，地球的行進受到該空間扭曲的影響，因而繞著太陽運行。

Q2 宇宙是如何演化的呢？

我們所居住的宇宙，究竟是如何誕生與演化的呢？

劇烈演化的甫誕生宇宙

根據研究認為我們的宇宙大約誕生於138億年前，宇宙誕生的原因目前仍不清楚。科學家認為宇宙在甫誕生僅10^{-36}秒到10^{-33}秒後的極短時間內，發生體積急速膨脹到原來的 1 兆倍的 1 兆倍的1 兆倍再1000萬倍（10^{43}）的大小，這樣的急速膨脹稱為「暴脹」。此時所產生的特徵性重力波稱為「太初重力波」。科學家認為暴脹後，宇宙誕生了大量的基本粒子，宇宙變成超高溫、超高密度，宛若「火球」般的狀態（大霹靂宇宙）。

高溫、高密度狀態的宇宙與暴脹期相較，一方面膨脹的速度變得緩慢，同時溫度也在下降中，於是基本粒子結合產生了質子和中子，質子和中子又結合產生了原子核。從宇宙誕生至該階段所經過的時間大約是 3 分鐘。其後，原子核與電子結合產生了原子。不過，這是宇宙誕生後約經過37萬年左右的事了。

宇宙誕生的瞬間是無法觀測的？

我們從地球使用光（電磁波）來觀測宇宙情形。由於光的速度有限，來自遠方的光要抵達地球需要相當的時間。因此，觀測來自遠方的光，就等同於觀測宇宙的過去。但是，原子誕生前的宇宙充滿了不透明的電漿（此處意指電子和原子核呈分離狀態的氣體），是利用光所無法看穿的。因此，我們所能觀測的僅是來自原子誕生後（宇宙誕生的37萬年後）之時期的光。原子的誕生意味著宇宙充滿不透明電漿的時期結束，此被稱為「宇宙放晴」。

宇宙放晴以前的宇宙狀況，可以藉由調查刻畫在不受電漿干擾的太初重力波，或者是由太初重力波所導致之「宇宙微波背景輻射」（cosmic microwave background radiaton）中的暴脹痕跡（太初重力波）而得知。

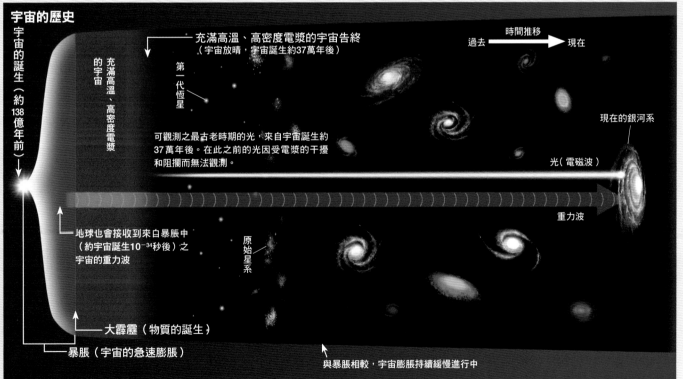

宇宙的歷史

源自宇宙誕生至37萬年後的這段期間的光，因為受到電漿的干擾而無法抵達地球。從電子與原子核結合誕生原子後（宇宙放晴後），到第一代恆星（自己會放光的星體）誕生的數億年間，宇宙度過沒有恆星的「黑暗時期」。其後，宇宙空間中的物質因彼此的重力作用而聚集，形成了恆星。此外，大量恆星組成星系（galaxy），眾多星系又構成星系團（galaxy cluster）。

Q39 9維空間存在於何處呢？

　　根據超弦理論的說法，這個世界並非長、寬、高的3維空間，而是還有額外的6個維度存在，是總計9個維度的空間（如果再加上時間1個維度，就是10維時空）。我們無法辨識的另外6個維度（額外維度）是如何隱藏起來的呢？

「緊緻化」蜷縮的高維空間

　　根據研究認為：額外維度蜷縮到我們肉眼無法確認的程度，這樣的想法稱為「緊緻化」。以左下的插圖為例，將平面（2維）的紙緊緊的捲起來，最終成為1條細線（1維），看起來下降了1個維度。根據超弦理論的說法，預測應該存在的6個額外維度也像這樣，蜷縮至無法觀測的程度，隱藏在我們生活的3維空間中。

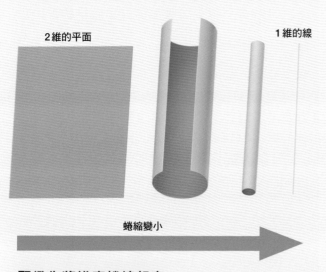

2維的平面　　　　　　　　　1維的線

蜷縮變小

緊緻化將維度蜷縮起來
將平面（2維）蜷縮得很小，可以使之成為線（1維）。插圖中是使2維緊緻成1維，不過理論上，能使更多的維度緊緻隱藏起來。

「卡拉比-丘空間」的性質決定宇宙的性質

　　超弦理論不像其他理論，無論在幾維空間都能成立，它是只有在9維空間才能成立的理論。另一方面，我們的世界是3維空間，若超弦理論正確的話，那麼9維空間中的6個維度必須藉由緊緻化隱藏起來，才能完美說明截至目前為止已驗證的標準模型。也因為這樣，研究者認為額外維度是以「卡拉比-丘空間」（Calabi-Yau space）的形式緊緻蜷縮了起來。

　　所謂的卡拉比-丘空間是美籍義大利裔數學家卡拉比所預想，被華裔數學家丘成桐證明的6維特殊空間。宏觀之3維空間的物理性質係依據額外的6個維度是以什麼樣的卡拉比-丘空間緊緻化而定的。

　　在標準模型的架構下，費米子包含了夸克和輕子，而夸克和輕子都有三代。事實上，目前已知基本粒子的世代數係依卡拉比-丘空間的「形狀」而定。隨著我們對卡拉比-丘空間及超弦理論更深入的理解，在不久的將來或許也能理解我們所處世界的誕生原因。

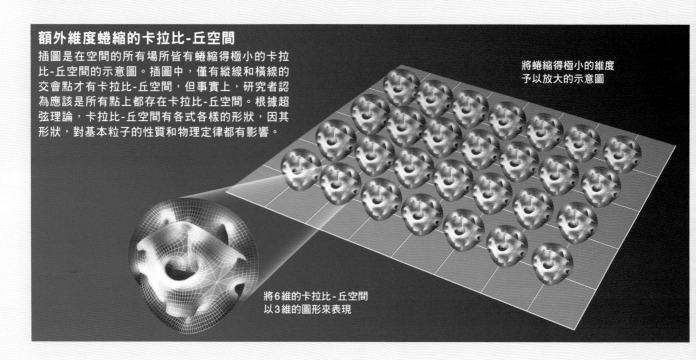

額外維度蜷縮的卡拉比-丘空間
插圖是在空間的所有場所皆有蜷縮得極小的卡拉比-丘空間的示意圖。插圖中，僅有縱線和橫線的交會點才有卡拉比-丘空間，但事實上，研究者認為應該是所有點上都存在卡拉比-丘空間。根據超弦理論，卡拉比-丘空間有各式各樣的形狀，因其形狀，對基本粒子的性質和物理定律都有影響。

將蜷縮得極小的維度予以放大的示意圖

將6維的卡拉比-丘空間以3維的圖形來表現

Q4 超弦理論的「超」代表什麼意義呢？

由於標準模型並未考慮重力效應和暗物質的存在，因此不能說是完美的理論。超弦理論被認為是可說明上述現象，是萬物理論的最有力候選理論，研究的勢頭方興未艾。

在大栗博士的專訪中，他提到了「超弦理論預言自然界存在傳遞重力的基本粒子」。除此之外，超弦理論也根據了「超對稱理論」（supersymmetric theory）預言有「超對稱粒子」（supersymmetric particle）存在。而超弦理論的「超」就是超對稱的「超」。

「自旋」相異的成對粒子

超對稱理論預言標準模型中所提及的基本粒子都擁有自旋不同的伙伴（超對稱粒子）。基本粒子有「構成物質的基本粒子」和「傳遞力的基本粒子」，而超對稱理論認為「構成物質之基本粒子」的超對稱粒子（伴粒子）與「傳遞力的基本粒子」相似；「傳遞力之基本粒子」的超對稱粒子與「構成物質的基本粒子」相似。

表示基本粒子性質的量有質量、電荷、自旋等。超對稱粒子的主要特徵是「自旋」的量與其成對的基本粒子不同。所謂自旋相當於粒子的自轉本領（快慢、勢頭）。在標準模型中，夸克和電子等「構成物質之基本粒子」的自旋為 2 分之 1。而光子和 W 及 Z 玻色子等「傳遞力之基本粒子」的自旋為整數。

與各基本粒子成對的超對稱粒子（伴粒子）的自旋，其值跟成對之基本粒子的自旋偏移 2 分之 1。換句話說，自旋為 2 分之 1 的「上夸克」，其超對稱粒子「純量上夸克」的自旋為 0。而自旋為 1 的光子，其超對稱粒子「伴光子」的自旋為 2 分之 1。

暗物質的真正身分是超對稱粒子？

事實上，有研究者認為光子的伴粒子「伴光子」等一部分的超對稱粒子是暗物質的候選者。這些粒子被稱為「超中性子」（neutralino），研究者認為它們的質量大約是質子的1000倍。所謂暗物質是具有質量，以光（電磁波）無法觀測到的物質。研究認為暗物質是非常冷的物質，宇宙

中的豐度約是由原子所構成之物質（以電磁波可觀測的物質）的 5 倍。截至目前為止，尚未有直接偵測出暗物質的案例。

想要發現超對稱粒子必須使用巨大的加速器進行實驗。2015年，經過提高功率並再度啟動的巨大加速器LHC自不待言。現在國際聯合研究團隊正在協議建設的「國際直線形加速器」（International Linear Collider，ILC）也是要角，它們極有可能在未來的實驗中發現超對稱粒子。倘若果真發現超對稱粒子，應該就能調查其性質，相信物理學也會迎來革命性的發展。 ☄

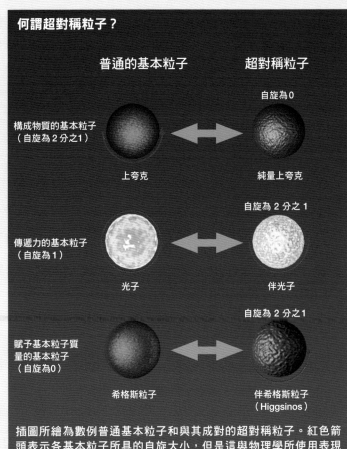

何謂超對稱粒子？

普通的基本粒子　　　　超對稱粒子

構成物質的基本粒子
（自旋為 2 分之 1）

自旋為 0

上夸克　　　　　　　　純量上夸克

傳遞力的基本粒子
（自旋為 1）

自旋為 2 分之 1

光子　　　　　　　　　伴光子

賦予基本粒子質量的基本粒子
（自旋為 0）

自旋為 2 分之 1

希格斯粒子　　　　　　伴希格斯粒子
（Higgsinos）

插圖所繪為數例普通基本粒子和與其成對的超對稱粒子。紅色箭頭表示各基本粒子所具的自旋大小，但是這與物理學所使用表現自旋的方式（以相當於自轉軸方向的箭頭〔向量〕來表示）不同。與自旋為 2 分之 1 之基本粒子配成對的超對稱粒子，其自旋為 0。與自旋為整數之基本粒子配成對的超對稱粒子，其自旋為半整數（2 分之 1 或 2 分之 3）。除了自旋的值以外，研究者也預測超對稱粒子的質量（能量）也比普通基本粒子還要大。

探索「看不見的維度」！

藉由實驗確認高維空間存在的嘗試，吸引了世人的注目

超過 3 維空間的「看不見維度」或許就隱藏在你的眼前……。物理學家正在認真思考這個充滿科幻感的可能性，並且越來越多人積極地試圖藉由實驗找出其證據。如果真的能夠闡明物理學家所說的「我們居住的世界只是超過 3 維度之高維空間的一部分」，將會徹底推翻人類的世界觀，成為科學史上前所未有的大發現。究竟為什麼，物理學家會認為應該有看不見的維度存在呢？而這種看不見的維度，究竟要如何藉由實驗來發現呢？

協助：**村田次郎** 日本立教大學理學部教授

向山信治 日本京都大學基礎物理學研究所教授

陣內 修 日本東京工業大學理工學研究科研究所副教授

　　我們居住的世界是擁有長度、寬度、高度的 3 維空間，再加上時間的 1 維度，稱為「4 維時空」。在 3 維空間裡面，可以把 3 支棒子互相垂直交叉配置。而所謂的高維空間（higher dimensional space），則可以說是「能夠把 4 支以上的棒子互相垂直交叉配置的空間」。請你用 4 支鉛筆試試看。根據一般人的想法，大都會認為「這種事情應該辦不到」！

　　但是一部分物理學家卻認為，在這個世界裡，應該有隱藏著長度、寬度、高度以外的「看不見維度」（hidden dimensions），這種看不見的維度也稱為「額外維度」（extra dimension）。

預言高維空間存在的「超弦理論」

　　額外維度的存在，是「超弦理論」此尚未完成之

理論的預言。根據超弦理論的主張，構成自然界的電子等「基本粒子」的真正身分是微小的「弦」。

　　學者期待超弦理論能成為一個「終極理論」，把有關時空（時間和空間）和重力的理論「廣義相對論」，以及建立基本粒子等微觀世界之法則的理論「量子論」予以統合（請參考36頁）。廣義相對論和量子論是現代物理學最基本的兩大理論，但物理學家並不認為這兩個不同體系的理論是自然界的最終理論，因此數十年來孜孜不倦地嘗試把這兩個理論統合起來。而在眾多可望能夠統合廣義相對論和量子論的理論中，最有力的候選者就是超弦理論。

　　可是，學者們發現，如果這個世界不是 9 或 10 維空間，則超弦理論就無法成為沒有矛盾的理論。也就是說，在這個世界裡，「隱藏著」6 或 7 個額外維度。因此，物理學家導出一個結論：額外維度非

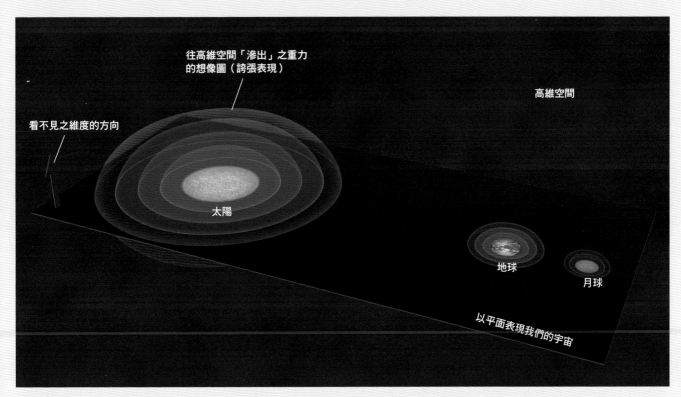

插圖為假設有額外維度存在之「膜宇宙」的想像圖。這個假說主張我們居住的3維空間是懸浮在高維空間的一種稱為「膜」的空間。物質和光都埋在膜的表面，無法飛出到高維空間（額外維度的方向），只有重力能傳播到高維空間（插圖是把重力往額外維度的方向「滲出」的想像做誇張的表現）。因此，或許能夠藉由重力來證實額外維度的存在。依據主張額外維度是「又小又捲」的模型，往額外維度的方向一直前進，會回到原來的出發點。也就是說，如果往插圖的上方一直前進，會從下方出來（請參照74頁的插圖）。

常、非常小，所以看不見。

　　讓我們來想像一下走繩索的人（74頁插圖）吧！維度的個數也可以說是「能自由移動之獨立方向的個數」。從巨大的人類來看，在細繩上只能朝一個方向移動，因此可說是 1 維的世界。但是，從體積比繩子的粗細小了許多的螞蟻來看，除了繩子的長度方向之外，還能夠沿著繩子的圓周方向移動，所以繩子的表面是 2 維的世界。像這樣，如果額外維度是又小又捲曲的話，巨大的人類就不會察覺它的存在了。而且，額外維度方向擁有一項奇妙性質，就是一直前進會回到原來的位置。

　　物理學家在超弦理論中所假設的額外維度的尺度非常、非常小，只有10^{-35}公尺左右，稱為「普朗克長度」（Planck length）。這相當於 1 毫米的 1 兆分之 1 的 1 兆分之 1 的 1 億分之 1。原子的大小都

還有10^{-10}公尺，由此可見它是多麼微小。

額外維度的真正大小是 1 毫米？還是無限大？

　　超弦理論所預言的額外維度的尺寸非常小，所以長久以來，學者們始終認為不可能藉由實驗驗證它的存在。但是到了1998年，事情有了轉機，阿卡尼-哈米德（Nima Arkani-Hamed）博士、迪摩波羅（Savas Dimopoulos）博士和德瓦立（Gia Dvali）博士三人共同提出了ADD模型，主張在額外維度當中，可能有幾個大額外維度（large extra dimension）的尺寸為 1 毫米左右的大小，而且這件事並不會和過去的任何實驗發生矛盾。和前面所說的10^{-35}公尺比起來，1 毫米（10^{-3}公尺）真是大得太多了。

再者，在1999年，蘭道爾（Lisa Randall）博士和桑卓姆（Raman Sundrum）博士兩人共同提出了RS2模型，主張如果額外維度是扭曲的，則即使有無限長的額外維度存在也不足為奇。

如果額外維度有1毫米這麼長，為什麼我們看不見呢？要去想像高維空間很困難，所以我們把3維空間想像成一片省略高度方向的平面狀的「膜」（前頁插圖），於是這片膜（我們居住的宇宙）就會懸浮在高維空間之中。

根據超弦理論，電子和夸克之類構成物質的基本粒子、光的基本粒子光子等等，皆黏附在膜上不能脫離，無法朝額外維度的方向飛出（請參考34頁）。因此我們能用眼睛抓到光，可以看見這個世界。但是光本身不能從膜（3維空間）脫離，既沒有往額外維度的方向飛出，也沒有從額外維度的方向飛進來，所以我們看不見額外維度的方向。

不過也有例外，那就是重力。根據超弦理論，傳送重力的基本粒子「重力子」未貼附在膜上，所以能朝額外維度的方向移動。這意味著，只有重力能在額外維度的方向上，亦即在高維空間之中傳送。以這樣的膜為基礎所建立的新宇宙模型，稱為「膜宇宙」（braneworld）。

如果存在額外維度，重力在近距離會變得非常強

雖然無法直接看到額外維度，但因為只有重力能朝額外維度的方向傳送，所以說不定能夠藉由重力間接「看到」額外維度。

重力也稱為「萬有引力」，是在一切物體之間都會產生的力。即使桌上的鉛筆和橡皮擦之間，也會有微弱的重力在互相吸引著。

在牛頓力學體系中，重力是與物體間的距離的平方成反比而減弱，這稱為「平方反比定律」（inverse square law）。當距離增加為2倍，重力會減弱成4分之1（2^2分之1）。相反地，當距離縮短為2分之1，重力會增強為4倍。換句話說，距離越近則重力越強。

那麼，為什麼重力會依循平方反比定律呢？這是因為空間的維度數為3的緣故。事實上，如果重力的傳送空間是4維空間，則重力會與距離的3次方成反比而減弱，稱為「立方反比定律」（inverse cube law）。維度的個數越多，則重力擴散的範圍越大，所以越快變得「稀薄」（請參考右上插圖）。

那麼，如果除了3維空間之外，還有一個大小為1毫米左右的捲曲的額外維度存在，會變得如何呢？在這樣的狀況下，如果物體間的距離比1毫米更大，則重力會依循平方反比定律；如果物體靠近到不滿1毫米，則會依循立方反比定律。

重力在近距離會依循立方反比定律，這意味著比起在3維空間的場合（平方反比定律），重力由於

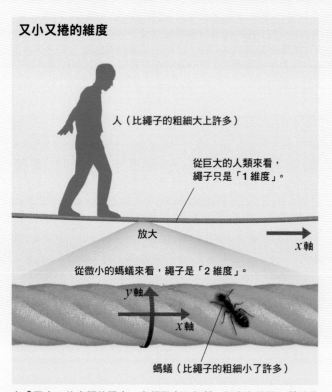

又小又捲的維度

人（比繩子的粗細大上許多）

從巨大的人類來看，繩子只是「1維度」。

放大

x軸

從微小的螞蟻來看，繩子是「2維度」。

y軸

x軸

螞蟻（比繩子的粗細小了許多）

在「巨大」的人類的眼中，在繩子上只能朝1個方向前進，所以是1維度的世界。但是，從遠比繩子的直徑小了許多的螞蟻來看，在繩子的表面上，也能朝圓周的方向（y軸方向）移動，所以是2維度的世界。而且，如果一直朝y軸方向前進，最後會回到原來的位置。這就是「又小又捲的維度」的想像圖。

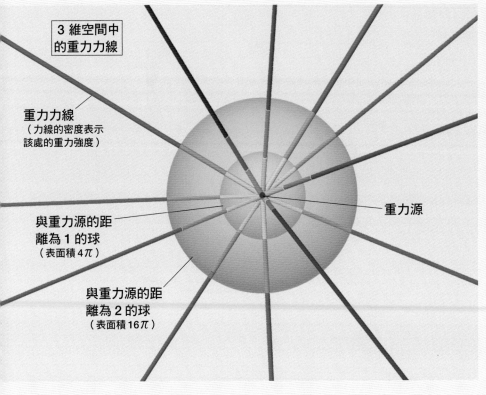

3 維空間中的重力力線

重力力線
（力線的密度表示
該處的重力強度）

與重力源的距
離為 1 的球
（表面積 4π）

與重力源的距
離為 2 的球
（表面積 16π）

重力源

重力的法則與空間維度的個數有什麼關係？

從重力源朝 3 維空間的四面八方發出無數的「力線」，插圖的力線為其中一部分。

在 3 維空間中，與重力源的距離若增加為 2 倍（r 倍），則力線的密度（表示該處的重力強度）減弱為 4 分之 1（r^2 分之 1）。也就是說，重力與距離的平方成反比而減弱（平方反比定律）。

讓我們依此類推來思考貫穿高維的「球」的力線。在 4 維空間（N 維空間）中，當與重力源的距離變為 r 倍時，力線的密度變為 r^3 分之 1（r^{N-1} 分之 1）。換句話說，力線的密度會與距離的 3 次方（N—1 次方）成反比變小，重力是依循立方反比定律（N—1 次方反比定律）。

距離拉近而增強的程度會更大。在平方反比定律的狀況下，距離變為 2 分之 1，則重力變成 4 倍（2^2 倍）；而在立方反比定律的狀況下，則變為 8 倍（2^3 倍）。

也就是說，如果想要確認小而捲的維度是否真的存在，只要實際觀測近距離下的重力就行了。若能發現它不符合平方反比定律，就表示可能有額外維度存在。

重力的平方反比定律（萬有引力定律）是牛頓（Isaac Newton，1642～1727）在 17 世紀發現的定律。但是，能夠精密確認平方反比定律的案例，絕大多數是在地球與月球之間的重力等等天體尺度的場合。在ADD模型提出之前，重力的平方反比定律並未在不滿 1 毫米的狀況下做過充分的驗證。

但是，重力比起電磁力（電力和磁力）等其他力，可說是非常之弱。金屬製的夾子能夠用磁鐵輕易地吸上來，這意味著，巨大的地球所產生的重力，竟然輸給體積遠比地球小得多的磁鐵所產生的磁力（電磁力的一種）。比起原子核的構成要素之一「質子」（正電荷）彼此間互相作用的力，重力（假定依循平方反比定律）只有它的 10^{36} 分之 1，亦即 1 兆分之 1 的 1 兆分之 1 的 1 兆分之 1（距離為質子大小的 10^{-15} 公尺的場合）。

學者認為額外維度可能存在的根據之一，就在這裡。為什麼重力會微弱到這樣的程度呢？物理學家感到非常納悶。但如果有額外維度存在，即可充分說明重力微弱的原因了。我們可以據此推測，是因為重力朝額外維度的方向「滲出」，使得重力在表面上變得如此微弱。

測定近距離之下的重力，藉此探尋額外維度！

那麼，具體而言，重力的平方反比定律要如何進行驗證呢？它的基本原理，和卡文迪西（Henry

利用扭秤直接測定重力

利用細線吊起秤錘，一邊改變它與重力源的距離，一邊測定細線扭曲的角度，以測知在秤錘和重力源之間作用的重力。為了排除空氣的影響，把裝置放在真空中。本頁插圖為原理圖，實際上花了許多工夫，例如設計各物體的形狀、加裝遮蔽靜電影響的遮罩等等，以求提高靈敏度。

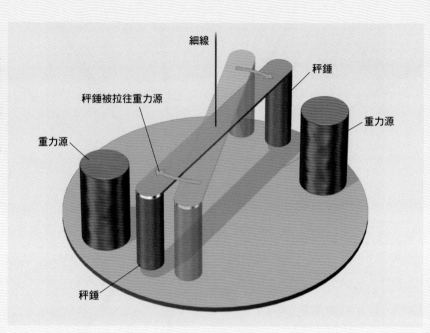

細線
秤錘
秤錘被拉往重力源
重力源
重力源
秤錘

以原子核的尺度，利用電子進行驗證重力強度的實驗

把電子朝原子核打過去，電子會受到來自原子核的靜電引力的作用，做 U 形迴轉而回來。這個時候，由於電磁作用，電子的方向（相當於自轉之「自旋」量的方向）會稍微偏移（上半部）。

如果真的有毫米程度的大額外維度存在，則在原子核的附近，重力的強度會增加數十個位數，導致原子核周圍的空間發生扭曲，使得電子的方向產生更大的偏移（下半部）。

插圖係根據日本立教大學村田次郎教授所提供的資料繪製。

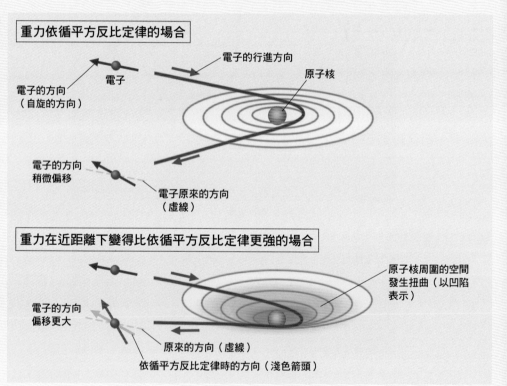

重力依循平方反比定律的場合

電子的行進方向
電子
原子核
電子的方向
（自旋的方向）
電子的方向
稍微偏移
電子原來的方向
（虛線）

重力在近距離下變得比依循平方反比定律更強的場合

原子核周圍的空間
發生扭曲（以凹陷
表示）
電子的方向
偏移更大
原來的方向（虛線）
依循平方反比定律時的方向（淺色箭頭）

Cavendish，1731～1810）在18世紀末葉進行之有名的萬有引力測定實驗一樣，使用稱為「扭秤」（torsion balance）的工具（上方插圖），把用細線懸吊的物體靠近固定的另一物體。這麼一來，細線會因為在兩個物體之間作用的重力而扭曲。讀取扭曲的角度，即可測定重力。

不過，在物體之間作用的重力極為微弱，因此需要精密的測定技術。實驗系統本身微弱的振盪對測

加速器LHC

左圖是將加速器LHC全景與地面風景疊加而成。加速器LHC為設置於地下100公尺的隧道內，1圈約27公里的環狀設施。額外維度的驗證實驗是利用ATLAS和CMS這兩部實驗裝置來進行。

圖中標註：日內瓦湖、日內瓦機場、日內瓦市區、實驗裝置LHCb、實驗裝置ATLAS、實驗裝置CMS、實驗裝置ALICE、加速器LHC（1圈約27公里，設置於地下100公尺的隧道內）

定結果所造成的影響自是不在話下，就連物體本身具有的微量靜電和磁性所產生的力，也會成為雜訊而對測定產生干擾。

日本立教大學理學部村田次郎教授正在實施直接測定近距離的重力以驗證額外維度是否存在的實驗，利用攝影機拍攝扭秤，再利用圖像解析技術消除裝置本身的晃動，只擷取重力造成的扭曲程度。利用這項獨特的技術，可望在不久的未來，以世界第一的精密度進行實驗。現在，已經有研究團隊在進行0.1毫米尺度的平方反比定律的驗證實驗，但尚未得到足以顯示額外維度存在的結果。

村田教授也正在使用電子，進行原子核尺度（10^{-15}公尺）的平方反比定律的驗證實驗（請參考左頁插圖）。如果額外維度真的存在，則越到微小的尺度，重力越偏離平方反比定律，因此它的影響有可能顯現於在原子核附近運動的電子上。這項實驗已經正式啟動，且讓我們拭目以待未來的進展。

利用加速器，捕捉往高維空間移動的粒子痕跡！

也有人利用基本粒子物理學及原子核物理學的代表性實驗裝置「加速器」，試圖捕捉額外維度存在的證據。這座加速器就是位於瑞士日內瓦郊外的CERN（歐洲原子核研究組織）的大型強子碰撞型加速器（Large Hadron Collider，LHC）。

LHC是一座一圈長達27公里左右的環狀實驗設施，在真空的管子裡把質子（氫原子核）加速到幾近光速（秒速約30萬公里），再使其互相正面對撞。然後利用配置於碰撞地點周圍的偵測器，捕捉碰撞之際產生的各種粒子，觀測發生了什麼樣的反應（請參考78頁插圖）。

截至目前為止，在LHC實施的額外維度的驗證方法，大致可分為兩類。其中之一，是追尋質子互相碰撞之際產生，然後朝額外維度方向移動的粒子的痕跡。

前面說過，只有重力會朝額外維度的方向移動。因此，在加速器實驗中，可能會有重力子產生並且朝額外維度的方向移動（如果額外維度不存在，則加速器實驗中不會產生重力子）。

重力子不會被偵測器捕捉到，但因它會把能量等等「帶著逃走」，所以利用偵測器捕捉同時產生的各種粒子，再從這些粒子的資料反推，即可間接得知重力子的產生。最簡單的膜宇宙模型主張只有重力子會朝額外維度的方向移動，但也有一些模型主

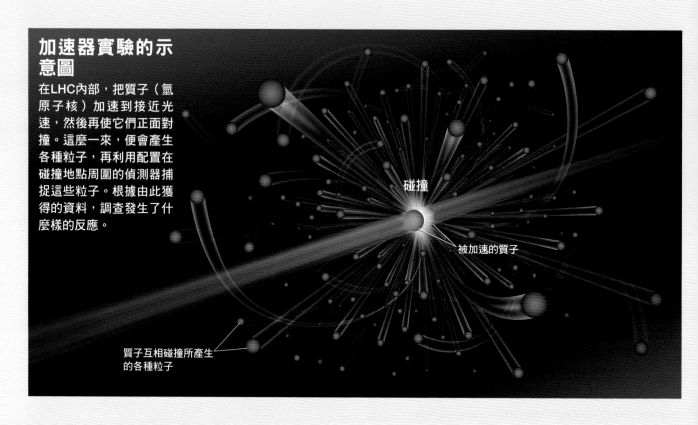

加速器實驗的示意圖

在LHC內部，把質子（氫原子核）加速到接近光速，然後再使它們正面對撞。這麼一來，便會產生各種粒子，再利用配置在碰撞地點周圍的偵測器捕捉這些粒子。根據由此獲得的資料，調查發生了什麼樣的反應。

碰撞

被加速的質子

質子互相碰撞所產生的各種粒子

張其他粒子也會朝額外維度的方向移動。這些粒子的存在，同樣可藉由加速器實驗加以驗證。

這些也會朝額外維度方向移動的其他粒子，從住在3維空間的我們來看，即為所謂的「KK粒子」（Kaluza-Klein particle）。從事膜宇宙理論研究的日本京都大學基礎物理研究所的向山信治教授表示：「從我們的3維空間的立場來看，KK粒子的電荷等性質和原來的粒子相同，但行為卻像是質量更大的粒子」（請參考右頁插圖）。

KK粒子也是暗物質之真正身分的候選者。所謂暗物質是指宇宙中大量存在之身分不明的「看不見物質」。據推估，宇宙中的暗物質總質量高達由原子構成之普通物質的5倍。

如果高維度真的存在，就能利用加速器製造出黑洞嗎？

另一個利用加速器驗證額外維度的方法，就是探索質子碰撞所產生的「微黑洞」（micro black hole）的痕跡。黑洞是一種重力非常大的天體，一旦被黑洞吸引進去，就算是以自然界最高速度行進的光也無法逃脫。

天文觀測所發現的黑洞，即使質量較小的，也有太陽的10倍左右。但是，原理上，不管是什麼物體，只要被壓縮到夠小的程度，就能變成黑洞。地球如果被壓縮到半徑不滿1公分的程度，把質量集中到如此微小的區域中，就成為黑洞。

利用加速器把質子加速到幾近光速，再使它們互相碰撞，這意味著把龐大的能量集中在碰撞地點。根據相對論的著名公式「$E=mc^2$（能量與質量的等效性）」，能量（E）等同於質量（m）（式中的c為光速的值），因此可以視同在質子碰撞地點有龐大的質量集中於極小的區域。

如果空間為3維度，則重力在近距離也會依循平方反比定律，即使LHC這種最頂尖的加速器，也沒有足夠的能量製造出黑洞。但是，如果有額外維度存在，則重力在近距離不會遵守平方反比定律，

在LHC中會產生「朝額外維度方向移動的粒子」嗎？

在加速器LHC裡頭，由於質子束的互相碰撞而產生的重力子等物質，有可能會朝額外維度的方向移動。這樣的粒子從住在3維空間的我們來看，就成為所謂的「KK粒子」。KK粒子的性質和原來的粒子相同，但表現出來的行為卻像是不同質量的粒子。

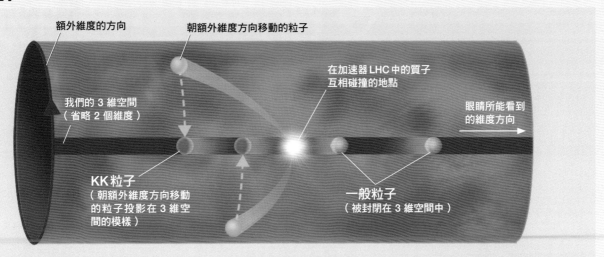

那麼製造出黑洞的條件就會比較「寬鬆」。由於近距離的重力遠比遵守平方反比定律的場合強了非常多，因此以LHC能夠到達的能量，便有可能製造出黑洞。反過來說，如果LHC產生了微黑洞，就意味著額外維度存在的可能性很高。

加速器中產生的黑洞會立刻消滅

微黑洞的性質與一般黑洞的「什麼東西都吸入」的意象並不相同。根據理論的預測，它在吸入某個東西之後，會立刻放出各種粒子而消滅。這是黑洞表面的微觀尺度的扭曲時空所引發的現象，稱為「霍金輻射」（Hawking radiation）。霍金輻射會在偵測儀器留下獨特的訊號，因此能夠據此推知微黑洞的產生。

此外，即使在加速器中產生了微黑洞，也不至於發生加速器本身被黑洞吞進去的科幻情節。如果加速器能夠製造出微黑洞，那麼從宇宙降臨的放射線「宇宙射線」（主要為高速質子）與大氣中的分子碰撞之際，應該也會依同樣的原理而形成微黑洞。因為宇宙射線中含有一些能量超過LHC的粒子，

但是過去從來沒有發生過地球被這樣的微黑洞損害的事件，所以即使LHC中有黑洞形成，也不會有危險性。

利用LHC的實驗裝置ATLAS進行研究的日本東京工業大學理工學研究科研究所陣內修副教授表示，在LHC正式運作5年間（2010年～2012年、2015年～2016年）的資料中，都沒有發現任何徵兆顯示有KK粒子或微黑洞產生。經過升級改造，於2015年重新啟動的LHC，質子對撞的能量增強約2倍，收集的數據量也在持續累積中。LHC預計運行至2023年，然後再進行加速器的性能提升，2026年再啟動時，碰撞頻率將會大幅提升，並預定在接下來的10年間進行數據的收集。

開始出現重力不遵守平方反比定律的距離，以及加速器中產生KK粒子和微黑洞的條件，在各種不同版本的膜宇宙的理論模型中有很大的差異。因此，不能因為目前的各種實驗並沒有發現額外維度的痕跡，就否定了額外維度的存在。額外維度的實驗性驗證才剛開始而已。且讓我們期待未來進一步的實驗成果吧！

支配宇宙萬物
的數學式

協助　橋本幸士

僅一個數學式就支配了宇宙萬物。從基本粒子到星系，乃至它們的運動和力的作用，幾乎宇宙的所有現象，皆能只用一個數學式就表達得淋漓盡致，實在令人驚訝。這個數學式是天才物理學家們所建構之理論的集大成，在本章中，就請《爸爸所傳授的超弦理論 天才物理學家·浪速阪教授的70分鐘講義》的作者橋本幸士博士，為我們詳細解說這個數學式究竟具有什麼樣的意義。

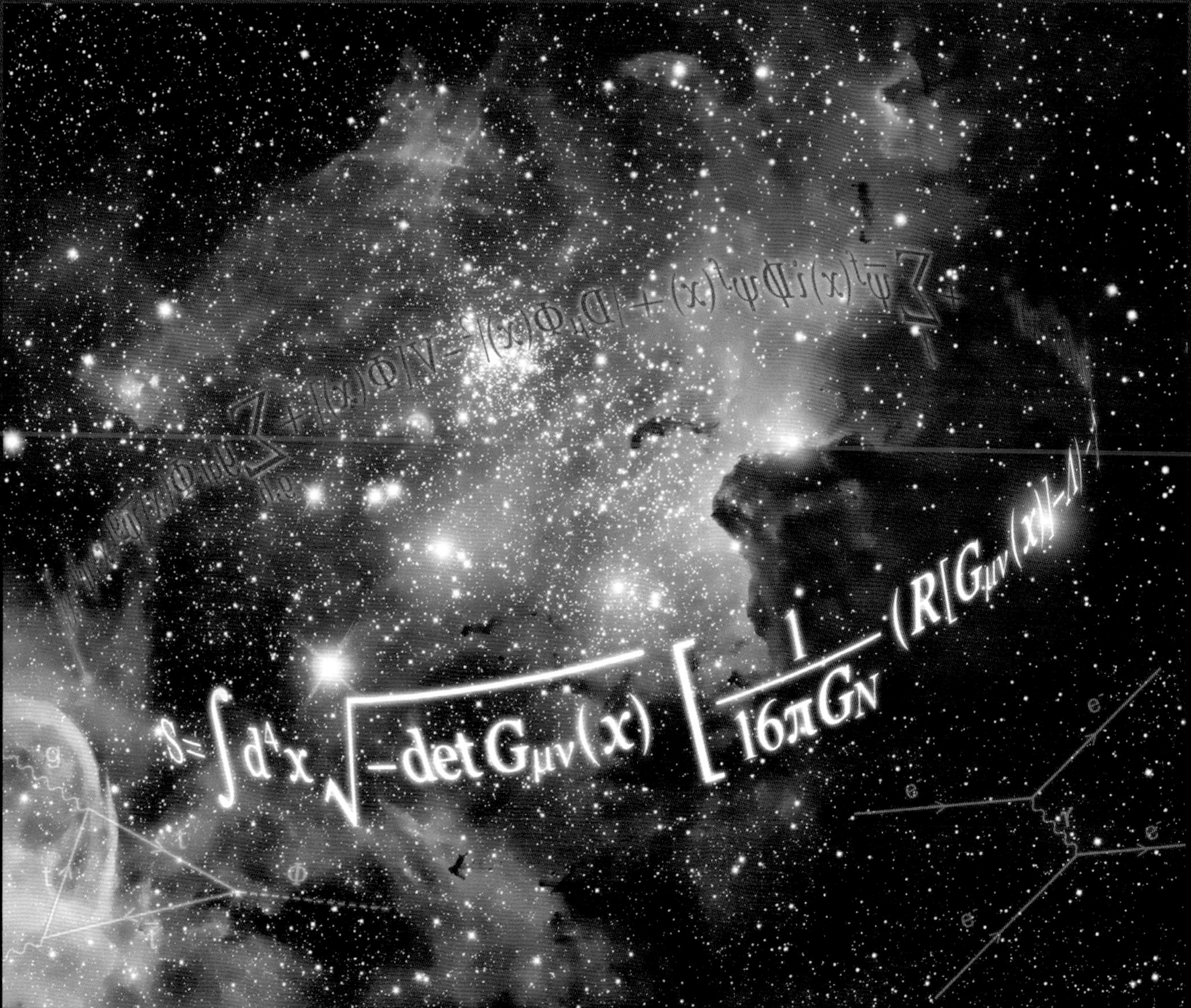
S=∫d⁴x √−det Gμν(x) [1/16πG_N (R[Gμν(x)]−Λ)
g
t
Φ
e
γ

只要知道空間、時間以及基本粒子，就能

「宇宙的一切現象僅用一個數學式即可表達」，說這話的人是日本大阪大學專攻基本粒子物理學的理論物理學家橋本幸士教授。

本頁下方的數學式就是「支配宇宙萬物的數學式」。據研究者表示若使用此數學式，原理上諸如「物體如何運動」、「物體間有什麼樣的力的作用」等，幾乎宇宙的一切現象皆能計算得出。

「此數學式被稱為『**基本粒子標準模型的作用量**』，更正確來說，是『**在基本粒子之標準模型作用量上再加上重力的作用量**』」（橋本教授）[※]。從它的名字即可得知，支配宇宙萬物的數學式就是與「基本粒子」及「重力」有關的公式。

僅以一個數學式即可表達宇宙萬物

像蘋果這樣的物體，是由物質之最小單位「基本粒子」所構成。另外，蘋果從樹上掉下來的現象，是發生在「空間」這樣的「舞台」之中。由此可知，若能瞭解基本粒子的行為、空間（與時間）的性質，原理上就能說明宇宙的一切。而能夠以一個公式來表達的，就是「支配宇宙萬物的數學式」。

時間與空間

$$S = \int d^4x \sqrt{-\det G_{\mu\nu}(x)} \left\{ \frac{1}{16\pi G_N} \left(R[G_{\mu\nu}(x)] - \Lambda \right. \right.$$

$$\left. + |D_\mu \Phi(x)|^2 \right.$$

瞭解全宇宙

　　如果將物質一直分割，最終會得到一個再也無法分割的最小粒子，該粒子稱為「基本粒子」。此外，在現代物理學中，力的作用事實上皆能使用傳遞力的基本粒子來說明（後文將有詳細介紹）。**統整基本粒子和力之法則的理論稱為「標準模型」（Standard Model，SM）。**

　　此外，目前科學家認為重力的本質就是空間（與時間）的扭曲（此頁將有詳細介紹）。倘若能獲悉空間與時間的性質，以及基本粒子的行為方式，那麼原理上可以說就能瞭解宇宙萬物。而支配宇宙萬物的數學式，將這些都網羅其中了。

※：「作用量」的意義請參考次頁的「發展單元」。

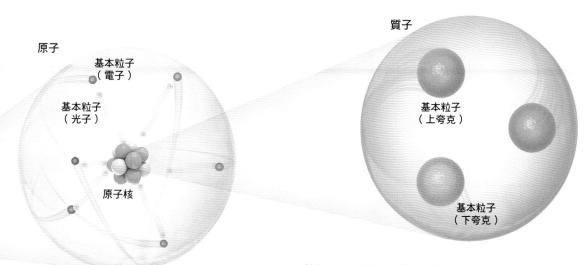

原子
基本粒子（電子）
基本粒子（光子）
原子核

質子
基本粒子（上夸克）
基本粒子（下夸克）

若能得知空間、時間與基本粒子的話，就能說明宇宙萬物。

$$- \frac{1}{4} \sum_{j=1}^{3} \mathrm{tr}\left(F_{\mu\nu}^{(j)}(x)\right)^2 + \sum_{f} \overline{\psi}^{(f)}(x)\, i\, \slashed{D}\, \psi^{(f)}(x)$$

$$- V[\Phi(x)] + \sum_{g,h} \left(y_{gh}\, \Phi(x)\, \overline{\psi}^{(g)}(x)\, \psi^{(h)}(x) + h.c. \right) \Big\}$$

此數學式表示為「宇宙全體」的加總

讓我們來看看緊鄰數學式「＝」後面的部分吧！「$\int d^4x$」（為 4 維時空體積的積分符號）是意味著「加總」（積分）跟隨在它後面的數學式（函數）在宇宙全體時空的函數值。所謂宇宙全體是指 3 維空間（縱、橫、高）與時間

的一切。從這件事來看，是否稍微有此數學式「支配宇宙萬物」的感覺了呢？

想要詳細而且嚴謹理解此數學式必須要有研究所階段才學到的知識。在本章之中，只是介紹該數學式之各項以及符號所含意義等大概的

支配宇宙萬物的數學式

右邊以「$S=$」為首的數學式即為「支配宇宙萬物的數學式」。在數學式中，諸如 $\psi(x)$ 等帶有 (x) 的符號，意味著是 x 的「函數」。這裡的 x 表示場所和時間，是彙整三個空間座標 x、y、z 和時間 t 的省略寫法。$\psi(x)$ 實際上是使用 x 來描述的函數，而將之以符號來表示。支配宇宙萬物的數學式就是由類似這樣的函數所組成。

$$S = \int d^4x \sqrt{-\det G_{\mu\nu}(x)}$$

第 1 項之前（90～91頁）

$$-\frac{1}{4}\sum_{j=1}^{3} \mathrm{tr}\left(F_{\mu\nu}^{(j)}(x)\right)^2$$

第 2 項（92～95頁）

歷世歷代、全世界的物理學家闡明了宇宙的法則。「支配宇宙萬物的數學式」可以說是眾多物理學家所構築而成的智慧結晶。

橋本教授

內容。那麼，接下來就讓我們開始這趟「鑑賞之旅」吧！

發展單元　「作用量」為將物理法則「方程式」化的基本數學式

誠如在82頁中所描述的，支配宇宙萬物的數學式是「在基本粒子標準模型作用量上再加上重力的作用量」。這裡所說的「作用量」跟日常生活常使用的「作用」意思並不相同，是物理學上用以表示具有某種意義之數學式的專門用語（英文為action）。

稱為作用量的數學式是用以導出與物體運動相關之法則（運動方程式）的基本數學式。提到作用量，就不得不提「最小作用量原理」（least action principle）。該原理係指：遵循某種規則，進行數學性操作，而可推導出各式各樣的運動方程式。

$$\left\{\frac{1}{16\pi G_N}\left(R[G_{\mu\nu}(x)]-\Lambda\right)\right.$$

第1項（86～89頁）

$$+\sum_f \overline{\psi}^{(f)}(x)\, i \not{D}\, \psi^{(f)}(x)$$

第3項（96～99頁）

$$+\left|D_\mu \Phi(x)\right|^2 - V[\Phi(x)]$$

第4項、第5項（100～103頁）

$$\left.+\sum_{g,h}\left(y_{gh}\,\Phi(x)\,\overline{\psi}^{(g)}(x)\,\psi^{(h)}(x)+h.c.\right)\right\}$$

第6項（104～107頁）

重力的本質是時空扭曲「$G\mu\nu$」

從現在開始，讓我們針對支配宇宙萬物之數學式的各項，逐一解讀。

「數學式的首項（右頁上方數學式）是掌管『重力』的部分」（橋本教授）。

在現代物理學中，所謂重力理論指的就是舉世聞名的物理學家愛因斯坦（Albert Einstein，1879～1955）所創立的「廣義相對論」。根據廣義相對論的說法，重力的本質是時空（時間與空間）的扭曲。

舉例來說，地球繞著太陽公轉（橢圓運動）可以想成是太陽周圍的空間彎曲所導致。由於地球的行進受到該空間彎曲的影響，所以行進路線就會自然彎曲，而這就是重力的本質。在地面上，物體受重力影響而落下，也可想成是受時空扭曲所影響，物體的運動方向被改變的緣故。

「數學式的 $G\mu\nu(x)$ 表示座標 x 與附近座標之間的距離。當空間彎曲，二點間的距離也會改變。因此，此 $G\mu\nu(x)$ 完全決定了時空的彎曲情形」（橋本教授）。

發展單元 「$\mu\nu$」是什麼意思？

$G\mu\nu(x)$ 中的 $\mu\nu$ 究竟具有什麼樣的意義呢？表示時空扭曲情形的量「$G\mu\nu$」（讀法為 $G/mu/nu/$），其實可分為16個分量，$\mu\nu$ 就是用來區分該分量的。μ 和 ν 分別可以插入對應時間 t 和空間座標 x、y、z 之0～3的數字。藉此，可以區別 $G\mu\nu(x)$ 的分量。另外，最後出現的 $F\mu\nu(x)$ 和 $D\mu$ 中的 μ 和 ν 也具有相同的意義。

愛因斯坦闡明重力的本質

在太陽、地球等天體的周圍產生了重力。愛因斯坦認為該重力的本質就是天體周圍的時空扭曲。不僅是天體，在具有質量的物體周圍，時空也會扭曲。因此，就產生了描述這種彎曲空間的數學式（廣義相對論的愛因斯坦方程式）。從支配宇宙萬物之數學式的首項，能夠推導出愛因斯坦方程式。

水星

扭曲的時空

時空的扭曲

插圖所繪為太陽、地球等天體周圍的時空扭曲示意圖。質量愈大的物體，周圍的時空扭曲程度愈大。地球因受太陽所形成之時空扭曲的影響，而在太陽周圍繞轉，這就是重力的本質。在數學式中，$G\mu\nu(x)$ 表示時空的扭曲。

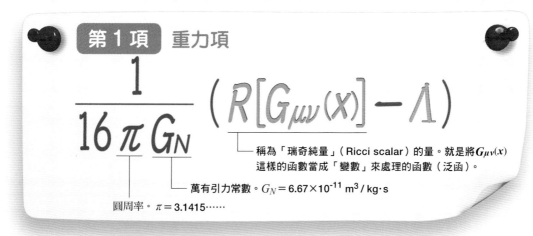

第 1 項　重力項

$$\frac{1}{16\pi G_N}\left(R[G_{\mu\nu}(x)]-\Lambda\right)$$

　稱為「瑞奇純量」（Ricci scalar）的量。就是將 $G_{\mu\nu}(x)$
這樣的函數當成「變數」來處理的函數（泛函）。

　萬有引力常數。$G_N = 6.67\times10^{-11}$ m³ / kg·s

圓周率。$\pi = 3.1415\cdots\cdots$

太陽

金星

地球

不僅是天體，在具有質量之所有物體的周圍，時空都會扭曲。雖然只是些微，不過我們的身體也會使周圍的時空發生扭曲。

Λ是使宇宙加速膨脹，身分不明的能量

　　在數學式的首項中還有一個必須注意的地方，這就是「Λ」（讀法為／lamda／）這個符號，此稱為「**宇宙項**」（**宇宙常數**）。Λ具有什麼意義呢？

　　一直以來就知道我們宇宙持續在膨脹之中，但是直到1990年代後半才知道宇宙的膨脹速度在加速之中。這件事意味了**有會使膨脹加速般的斥力作用於宇宙空間本身**。亦即，宇宙中似乎充滿了具有斥力效應的「暗能量」（dark energy），而Λ就表示該效應。

　　不過，現階段仍然不清楚暗能量的真正身分是什麼。暗能量為宇宙論與物理學的最大謎團之一。

宇宙的加速膨脹

發展單元　　愛因斯坦與宇宙項

　　宇宙項（也稱宇宙常數，cosmological constant）是愛因斯坦的構想，用以表示作用於宇宙空間的斥力（repulsive force）。一開始，愛因斯坦認為「宇宙是既沒有膨脹，也沒有收縮的靜態宇宙模型」，也不需考慮相當於重力斥力的「反重力」。後來之所以改變看法，是因為恆星、星系因為彼此的重力而互相吸引，在經過漫長時間之後，宇宙應該會收縮。而這樣的結果與愛因斯坦所認同的「靜態宇宙模型」並不一致，因此愛因斯坦於1917年在根據廣義相對論推導出來的方程式（愛因斯坦方程式）中，加入了表示「宇宙空間斥力」的項，在某種意義上，強制性構築出靜態宇宙。

　　但是，1922年俄羅斯的弗里德曼（Alexander Friedmann，1888～1925）從廣義相對論推導出動態宇宙模型。再者，1929年美國的天文學家哈伯（Edwin Hubble，1889～1953）根據天文觀測發現宇宙正在膨脹，愛因斯坦因此承認自己所認同的「靜態宇宙模型」是錯誤的，於是刪除了宇宙項。

　　大約經過60年後，天文學家發表現在的宇宙正在加速膨脹的研究結果。空間的斥力效應改名為暗能量，在宇宙論中復活了。現在，大多數的科學家都認為：「暗能量與數學式的宇宙項是相同的東西」。

$$\frac{1}{16\pi G_N}\left(R[G_{\mu\nu}(x)] - \Lambda\right)$$

圓周率。　萬有引力常數。

稱為「瑞奇純量」的量。也
就是將 $G_{\mu\nu}(x)$ 這樣的函數
當成「變數」來處理的函數
（泛函）。

宇宙項（宇宙常數）

宇宙項（宇宙常數）

插圖為宇宙正在加速膨脹的意象圖。經
由詳細觀測宇宙，獲悉宇宙正在加速膨
脹。從這樣的結果可以推論：有斥力作
用於宇宙空間本身，而產生該斥力的就
是「暗能量」。在數學式中，Λ 表示暗
能量的效應。

第1項之前的「$\sqrt{-\det G\mu\nu(x)}$」有什麼樣的意義？

在支配宇宙萬物的數學式中,靠前處有個「$\sqrt{-\det G\mu\nu(x)}$」的部分,該部分與緊接其後的整個數學式相乘。這到底具有什麼意義呢?

誠如84頁中所說的,支配宇宙萬物的數學式是將其中所含的各項(函數)在全宇宙時空中(時間與空間,在數學式中以 x 來表示)予以加總(積分)而成。**根據愛因斯坦的廣義相對論,時空會因觀測者的立場或伸、或縮、或彎曲。**換句話說,空間上的某點與某點間的距離,是有可能伸縮的。當距離伸縮,從數學式演算出來的答案也會跟著伸縮的程度發生改變,導致數學式變得沒有功用。

「在此扮演重要角色的是『$\sqrt{-\det G\mu\nu(x)}$』。即使因為觀測者的立場不同而導致距離出現伸縮,但是『$\sqrt{-\det G\mu\nu(x)}$』能使數學式演算出來的答案相同,可以說具有調整的功能。$\sqrt{}$(根號)中的 $G\mu\nu(x)$ 是距離的基準,扮演著『尺規』的角色」(橋本教授)。

時空會因立場而改變

愛因斯坦的廣義相對論是將他在1905年發表的狹義相對論進一步發展,在理論中加入了重力因素。相對論可以說是根本性顛覆了時間與空間之既定概念的理論。時空是相對的,換句話說,昭示著會根據觀測者的立場而改變。插圖是表現時空伸縮的情形。

$$\sqrt{-\det G_{\mu\nu}(X)}$$

作為距離基準的「尺規」

稱為「determinant」的數學符號，
相當於高中所學的「行列式」。

第 1 項之前 重力項

表示三種力的 「$F\mu\nu$」

「宇宙之中有4種『力』，一個是前面提到的『重力』（gravity），另外三個是『電磁力』（electromagnetic force）、『弱力』（弱交互作用力）和『強力』（強交互作用力）。而掌握這3種力的就是數學式的第2項」（橋本教授）。

「電磁力」顧名思義就是電場和磁場的力，就是「正電荷與負電荷相吸、磁鐵的N極與N極彼此相斥」的這種力。

而「強力」（strong force或strong interaction）是什麼樣的力呢？構成原子核的粒子是質子和中子，而它們是由3個稱為「夸克」的基本粒子所組成。使夸克彼此結合在一起的力就是強力。

「弱力」（weak force或weak interaction）跟強力一樣，是作用於比原子核還要小範圍之微觀世界的力。有些原子會因為原子核不穩定，隨著時間的推移，放出放射線而崩壞（衰變），轉變成其他的原子（放射性衰變）。引發該現象的就是弱力。

「$F\mu\nu(x)$」是表示重力以外之3種力的項。仔細觀察$F\mu\nu(x)$，發現在它的右上有（j）這個符號。以1～3的數字代入j中，以區別這3種力。例如，以3代入j中的$F\mu\nu^{(3)}$表示強力。

力是「傳遞力的基本粒子」產生的

第2項是表示電磁力、弱力、強力之作用的。彙整電磁力的法則，預言電磁波存在的馬克士威所構築的「馬克士威方程式」，可以從本項推導出來。此外，弱力和強力的性質，從楊振寧（Chen-Ning Franklin Yang，1922～）、美國的米爾斯（Robert Laurence Mills，1927～1999）、日本的內山龍雄（Ryoyu Utiyama，1916～1990）這些物理學家所寫的數學式描述中可以得知。

強力（強交互作用）

質子和中子都是由3個夸克組成的，結合這些夸克的就是強力。上夸克帶正電荷，下夸克帶負電荷，所以會因電磁力而相互排斥。然而因為有強度約是電磁力之100倍的強力的緣故，就連上夸克與上夸克、下夸克與下夸克也會彼此結合在一起。

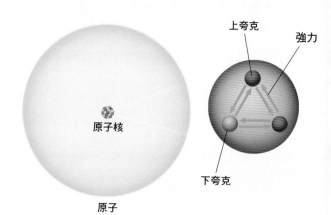

弱力（弱交互作用）

在組成中子的三個夸克中，藉由其中一種發生變化，而能從中子轉變為質子，而引發這種變化的就是弱力。當原子核內的中子轉變為質子，意味著變成了不同種類的原子核。該現象稱為「β衰變」（貝他衰變；beta decay）。

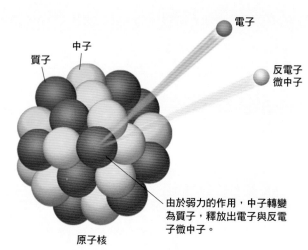

由於弱力的作用，中子轉變為質子，釋放出電子與反電子微中子。

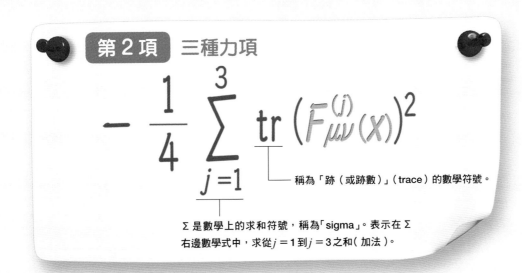

第2項 三種力項

$$- \frac{1}{4} \sum_{j=1}^{3} \mathrm{tr} \left(F_{\mu\nu}^{(j)}(x) \right)^2$$

稱為「跡（或跡數）」（trace）的數學符號。

Σ 是數學上的求和符號，稱為「sigma」。表示在 Σ 右邊數學式中，求從 $j=1$ 到 $j=3$ 之和（加法）。

電磁力（電磁交互作用）

因電場與磁場的作用而產生的力。幾乎在各樣的場所都能看到電磁力的蹤影。例如，產生摩擦力的根本原因之一，就是在物體表面原子間所產生的電磁力。另外，我們的身體細胞能夠緊密地接合在一起，也是拜電磁力之賜。

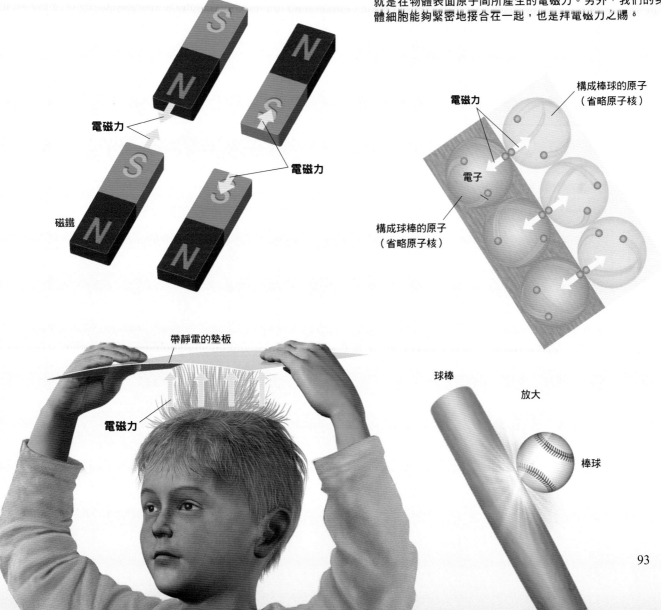

電磁力

磁鐵

構成棒球的原子
（省略原子核）

電磁力

電子

構成球棒的原子
（省略原子核）

帶靜電的墊板

電磁力

球棒

放大

棒球

基本粒子受三種力的支配

現代物理學認為力是藉由傳遞和接收「傳遞力的基本粒子」而產生的。**事實上，$F_{\mu\nu}(x)$ 是表示傳遞力的基本粒子之位置分布**（更加正確的說法就是「表示傳遞力之基本粒子場的函數」）。

例如，帶負電荷的電子與帶正電荷的原子核因電磁力而相吸，形成原子。我們可以將電磁力想成是光的基本粒子（光子）在電子與原子核（質子）之間往來而產生的。

傳遞強力的基本粒子是「膠子」。膠子在夸克之間往來，使夸克彼此結合在一起。此外，傳遞弱力的基本粒子稱為「弱玻色子」（weak boson）。

支配宇宙萬物之數學式的第 2 項，是表示傳遞 3 種力之這些基本粒子的運動和交互作用。

傳遞電磁力的「光子」
電磁力是因為傳接光子而產生的。

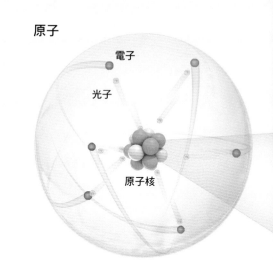

原子

電子

光子

原子核

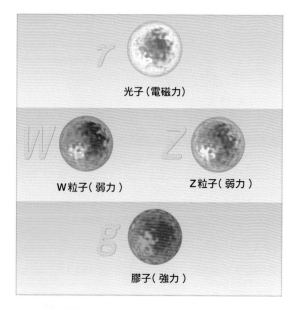

光子（電磁力）

W粒子（弱力）　　Z粒子（弱力）

膠子（強力）

力是「傳遞力的基本粒子」產生的

電磁力、弱力、強力分別都有與之對應的基本粒子。傳遞電磁力的基本粒子是「光子」，而傳遞弱力的基本粒子稱為「弱玻色子」，有「W 粒子」和「Z 粒子」2 種。傳遞強力的基本粒子稱為「膠子」。

$$-\frac{1}{4}\sum_{j=1}^{3} \mathrm{tr}\left(F_{\mu\nu}^{(j)}(x)\right)^2$$

稱為「跡（或跡數）」（trace）的數學符號。

Σ 是數學上的求和符號，稱為「sigma」。表示在 Σ 右邊數學式中，求從 j=1 到 j=3 之和（加法）。

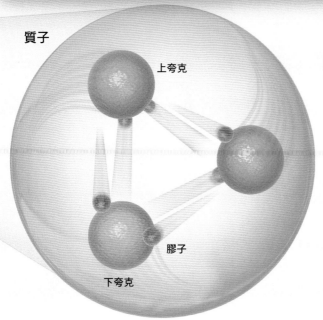

質子

上夸克

膠子

下夸克

傳遞強力的「膠子」

使夸克彼此結合的強力是稱為「膠子」的基本粒子在夸克間往來而產生的。

現代物理學認為力的作用是藉傳接「傳遞力的基本粒子」而產生的。

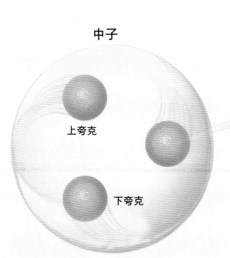

中子

上夸克

下夸克

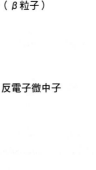

電子（β粒子）

反電子微中子

弱玻色子（W粒子）
（立即崩壞，轉變成電子和反電子微中子）

傳遞弱力的「弱玻色子」

中子是由 1 個「上夸克」和 2 個「下夸克」組成。當發生中子轉變為質子的 β 衰變時，其中 1 個下夸克會放出 1 個弱玻色子（W粒子），轉變成上夸克。

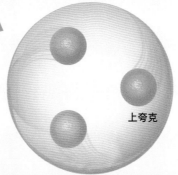

上夸克

質子

形成物質之基本粒子「ψ」的生成與消滅

　　「第 3 項是表示形成物質之基本粒子的運動，以及該基本粒子之生成與消滅的機制」（橋本教授）。

　　首先，請注意「$\psi(x)$」（讀法為/ˈpsaɪ/x）。$\psi(x)$ 表示從散布整個宇宙的天體到我們身體之「形成所有物質之基本粒子」的位置分布（更正確說法是：表示「形成物質之基本粒子的場」的函數）。也可說是自然界的「演員」。具體來說，就是「電子」、「微中子」、「夸克」這些基本粒子家族。舉例來說，我們生活周遭的所有物質都是由原子所構成，而原子是僅由「電子」、「上夸克」、「下夸克」這 3 種基本粒子組成。

　　跟力 $F_{\mu\nu}(x)$ 類似，$\psi(x)$ 的右上附有 (f) 的符號。$\psi(x)$ 全部共有12種，在 f 中帶入各種符號，能夠表現這12種不同的基本粒子。例如：若是 $\psi^{(e)}$，就是「電子」；若是 $\psi^{(u)}$，就是「上夸克」。

　　$\psi(x)$ 前面「$\not{D}$」（讀法為 D slash）」的符號是表示特殊微分的符號。$\not{D}\psi(x)$ 係表示基本粒子的運動情形。

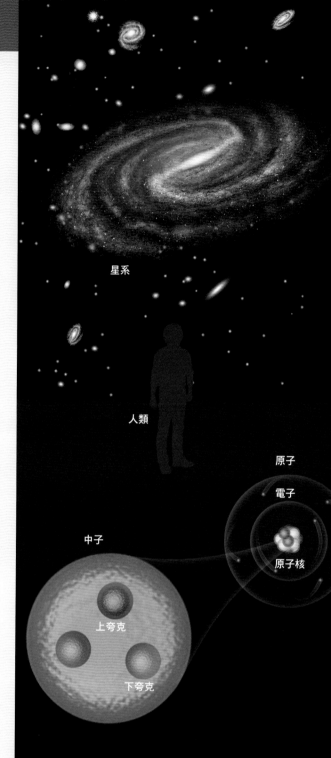

星系

人類

原子

電子

原子核

中子

上夸克

下夸克

$\psi(x)$ 總共有12種

數學式中的 $\psi(x)$ 表示形成物質的基本粒子。目前已知 $\psi(x)$ 包括「夸克家族」的 6 個成員和「輕子家族」（電子、微中子）的 6 個成員，總計12種（右）。所有的原子都是由電子、上夸克和下夸克此 3 種粒子構成（上）。此外的其他基本粒子皆非構成我們身邊物質的基本粒子，它們有些是含於在宇宙中穿梭的粒子（宇宙射線）中，有些則是加速器製造出來的。

第3項 基本粒子與反粒子項

$$\sum_f \overline{\psi}^{(f)}(x)\, i\, D\!\!\!/\, \psi^{(f)}(x)$$

表示特殊微分的符號

虛數單位。平方等於－1的數。

將各式各樣的 f（對應基本粒子的種類）
代入右邊的數學式中，並求出其和。

u 上夸克

c 魅夸克

t 頂夸克

d 下夸克

s 奇夸克

b 底夸克

νe 電子微中子

$\nu \mu$ 渺子微中子

$\nu \tau$ 濤子微中子

e 電子

μ 渺子

τ 濤子

基本粒子有「影子伙伴」

在本項中,出現 $\psi(x)$ 上面有線段的 $\bar{\psi}(x)$（讀法為/'psɑɪ/bar/x）。**這是意味著在 $\psi(x)$ 所表示的基本粒子中,有成對的「反粒子」（antipartcle）。**

所謂反粒子就是與原本的基本粒子質量相同,所帶電荷相反的粒子。舉例來說,電子是帶負電荷的基本粒子,而有與電子在質量、壽命、自旋等性質方面皆相同,但是帶正電荷的反粒子「反電子」（也稱陽電子、正電子或正子）存在。亦即,所有的基本粒子皆有「影子伙伴」。粒子與反粒子是成對誕生（成對生成）,而當粒子與反粒子相遇就會放出能量而消滅（成對消滅）。

第3項就是表示形成物質之基本粒子的運動,以及成對生成、成對消滅等舉動。

1928年,英國物理學家狄拉克在他的電洞理論中預言有反粒子存在。研究者認為在甫誕生的宇宙中,粒子與反粒子的數量差不多是一樣的。然而現在的宇宙,幾乎不存在反粒子。反粒子為什麼會消失呢?這是現代物理學的一大謎題。

$\psi(x)$ 的反粒子能夠存在

$\bar{\psi}(x)$ 係表示 $\psi(x)$ 所表示的基本粒子「能夠存在反粒子」。形成物質的12種基本粒子中,分別都存在電荷、磁矩等性質完全相反,被稱為「反粒子」的粒子。數學式的第3項就是表示這些基本粒子或出現、或消失、或穿梭運動的情形。

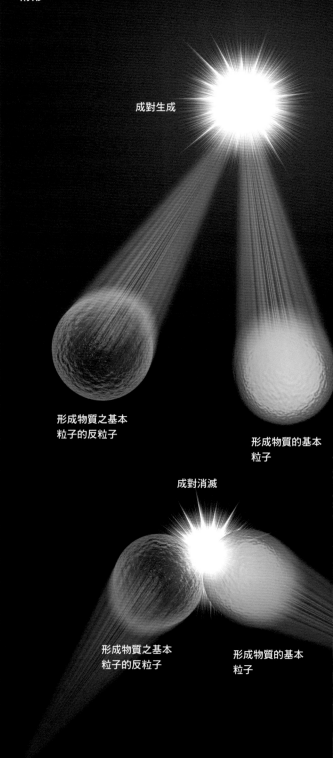

成對生成

形成物質之基本粒子的反粒子

形成物質的基本粒子

成對消滅

形成物質之基本粒子的反粒子

形成物質的基本粒子

第3項 基本粒子與反粒子項

$$\sum_f \overline{\psi}^{(f)}(x)\, i\, \not{D}\, \psi^{(f)}(x)$$

表示特殊微分的符號

虛數單位。平方等於－1的數。

將各式各樣的 f（對應基本粒子的種類）代入右邊的數學
式中，並求出其和。

反上夸克

反魅夸克

反頂夸克

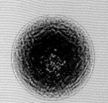

反下夸克

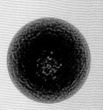

反奇夸克

反底夸克

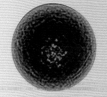

反電子微中子

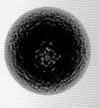

反渺子微中子

反濤子微中子

反電子

反渺子

反濤子

希格斯場「Φ」使基本粒子產生質量

「在第 4 項以後出現的 $\Phi(x)$ 表示具賦予各種基本粒子質量之作用的『希格斯場』（Higgs field）」（橋本教授）。

在支配宇宙萬物的數學式中出現，但是經過漫長時間都未能實際證實其存在，這就是在第 4 項以後出現的 $\Phi(x)$（讀法為 /ˈfaɪ/x）。$\Phi(x)$ 係表示「希格斯場」，具有「賦予基本粒子質量」的作用。

當提到真空的宇宙空間時，往往會以為空無一物的空間。其實，在我們身旁周圍乃至整個宇宙中都充滿了希格斯場，只是我們無法感受到而已。

希格斯場就像是填滿整個空間的黏稠糖漿一般，愈容易受到來自希格斯場「阻力」的基本粒子，在我們看來就是「質量大的基本粒子」。全然都不受希格斯場之阻力影響的光子（光的基本粒子），質量為零，以自然界的最高速度「光速」（每秒約30萬公里）前進。

在第92頁中已介紹了傳遞力的基本粒子有光子、W 粒子、Z 粒子和膠子四種。光子和膠子的質量皆為零，而 W 粒子和 Z 粒子（弱玻色子）則有質量。表示賦予此二基本粒子質量之機制的就是第 4 項的「$|D_\mu \Phi(x)|^2$」（讀法為 D/mu/ˈfaɪ/x的絕對值平方）。

基本粒子承受來自希格斯場的「阻力」而產生質量

傳遞力的基本粒子——W 粒子和 Z 粒子因承受來自希格斯場的「阻力」而變得不易運動，該「不易運動的程度」即為基本粒子的質量。

第 4 項和第 5 項是基於獲頒2008年諾貝爾物理學獎之日本物理學家南部陽一郎所導出的「自發對稱破缺」的想法而誕生的。

第4項、第5項 希格斯場項

$$\left| D_\mu \, \Phi(x) \right|^2 - V\left[\Phi(x) \right]$$

表示以特殊方法
進行微分。

表示希格斯場之能量的 $\Phi(x)$ 函數
（泛函）。

表示「絕對值」的數學符號。

光子

膠子

W粒子

Z粒子

希格斯場
（以綠色的背景來表現）

第5項表示希格斯場「Φ」的性質

第5項的「$V[\Phi(x)]$」表示希格斯場所具有的能量等性質。「這是表示從希格斯場誕生之『希格斯粒子』的質量，以及希格斯粒子彼此碰撞時會有什麼樣的運動與影響（自交互作用）的項」（橋本教授）。

希格斯場就像在第4項所表示的，除了賦予傳遞弱力之基本粒子質量以外，也賦予構成物質之基本粒子（夸克和電子家族）質量（請看104頁說明）。事實上，科學家並不清楚各基本粒子的質量為什麼會變成現在的值。不過一般認為，倘若能利用實驗獲悉希格斯場所形成的「漣漪」，也就是希格斯粒子互相撞擊時的運動和影響，應該就能夠闡明基本粒子的質量之謎。

又，賦予基本粒子質量之機制，在1964年分別由英國的物理學家希格斯（Peter Ware Higgs，1929~）以及與之不同研究團隊的比利時物理學家恩格勒（François Englert，1932~）和布繞特（Robert Brout，1928~2011）共同提出希格斯機制。**他們的想法源自南部陽一郎的「自發對稱破缺」。**此外，希格斯也理論預言了希格斯場會誕生希格斯粒子。

希格斯粒子的發現是在2012年，在預言希格斯場存在的40多年後，終於實際證明它的存在（請看106頁的詳細介紹）。希格斯與恩格勒在2013年獲頒諾貝爾物理學獎（布繞特已經逝世，因此與該獎無緣）。

希格斯粒子是充滿整個宇宙之希格斯場的「漣漪」

我們肉眼雖然無法看到希格斯場，但是由於$\Phi(x)$此「真空期望值」並不等於零，因此知道它充滿整個宇宙，此稱為「真空凝聚」（vacuum condensate）。希格斯粒子可以想成是在希格斯場形成的，像漣漪般的東西。

$\Phi(x)$

$\Phi(x) = 0$

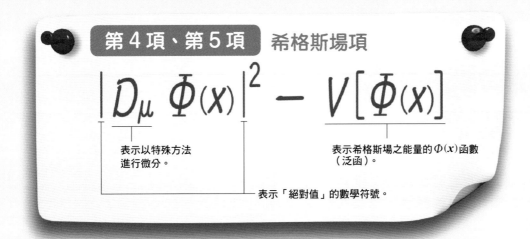

$$\left| D_\mu \, \Phi(x) \right|^2 - V\!\left[\Phi(x) \right]$$

表示以特殊方法
進行微分。

表示希格斯場之能量的 $\Phi(x)$ 函數
（泛函）。

表示「絕對值」的數學符號。

希格斯粒子

希格斯場的「漣漪」

希格斯場

真空期望值

埋在數學式中的湯川秀樹的點子

「第6項表示希格斯場賦予電子、夸克這類形成物質之基本粒子質量的機制，以及從形成物質之基本粒子來生成希格斯粒子的機制」（橋本教授）。

在94頁中介紹了「力是因傳遞力之基本粒子的往來（傳遞和接收）而產生的」的想法。日本的物理學家湯川秀樹認為構成原子核的質子和中子是藉由「介子」（meson）這種粒子的傳遞和接收來連結的。後來在1947年，實際發現了介子（π介子），湯川也在1949年獲頒諾貝爾物理學獎。「力是傳遞力之基本粒子的往來而產生」的想法，將湯川的想法往前推進一步。特別是像介子這般「自旋」（類似基本粒子之「自轉」性質的量）為零的基本粒子，藉由從形成物質之基本粒子家族放出而產生的交互作用稱為「湯川耦合」（Yukawa's interaction）。

現在，已經知道在希格斯場與形成物質的基本粒子之間，也有湯川耦合。在第6項中，已知有希格斯場「$\Phi(x)$」。希格斯場不僅會賦予傳遞力之基本粒子（W粒子與Z粒子）質量，也具有賦予形成物質之基本粒子（電子與夸克家族成員）質量的功用，第6項即表示該功用之相關作用量。

形成物質之基本粒子的「質量」是與希格斯場的湯川耦合而產生

形成物質之基本粒子家族成員與希格斯場之間有湯川耦合。藉此，形成物質之基本粒子家族的成員變得不易運動。亦即，獲得了質量。該家族成員中，質量最大的是頂夸克，約是電子質量的34萬倍。

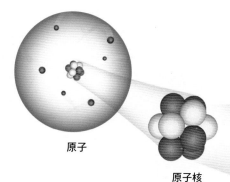

原子

原子核

在質子與中子之間往來的「介子」

在原子核的質子與中子之間，有湯川所預言的「介子」（π介子）往來，因此有核力的作用。剛開始研究者認為介子是無法再分割的基本粒子，不過現在已經知道它是由夸克和反夸克結合而成的粒子。而夸克和反夸克是藉由膠子傳遞的強力連結在一起。

 **第6項** 希格斯場與基本粒子之關係項

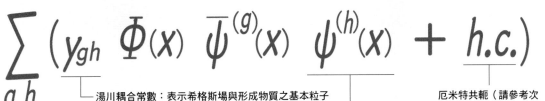

$$\sum_{g,h} \left(y_{gh} \, \Phi(x) \, \overline{\psi}^{(g)}(x) \, \psi^{(h)}(x) + h.c. \right)$$

湯川耦合常數：表示希格斯場與形成物質之基本粒子之結合強度的值。

厄米特共軛（請參考次頁的「發展單元」）。

將 g 與 h（對應基本粒子的種類）分別代入右邊的數學式中，然後求出其和。

表示形成物質之基本粒子的函數

電子

頂夸克

希格斯場
（以綠色背景來表現）

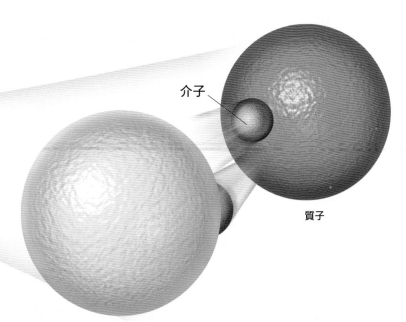

介子

質子

中子

介子

反夸克

夸克

使用大型加速器生成希格斯粒子

在第6項還表示了另一個機制，這就是從形成物質之基本粒子產生「希格斯粒子」的機制。當超高能量施加在充滿整個空間的希格斯場時，就會產生希格斯粒子（一種基本粒子）。希格斯博士很早就預言了這種粒子的存在，但是經過40多年仍然未能發現其蹤影。

不過2012年，使用CERN（歐洲原子核研究組織）的大型加速器「LHC」，終於發現希格斯粒子，在當時可以說是爆炸性的話題。能夠產生史上最大能量的LHC將質子加速至接近光速，然後使高速的質子束正面對撞。該龐大的對撞能量施加在希格斯場時，就產生了希格斯粒子。

從形成物質之基本粒子產生希格斯粒子的機制

LHC讓質子束彼此對撞，而產生了希格斯粒子。質子中含有膠子（傳遞強力的基本粒子），而希格斯粒子的生成與二個膠子有關。首先，一個膠子轉變為形成物質之基本粒子中的「頂夸克」及其反粒子「反頂夸克」。接著，另一個膠子被頂夸克所吸收。而吸收了膠子的這個頂夸克與先前的反頂夸克成對消滅，此時就產生了希格斯粒子。

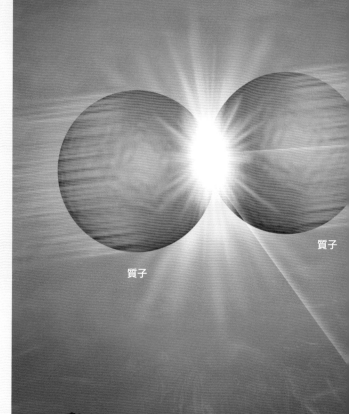

質子

質子

從數學式來看，是可能產生希格斯粒子的，數學式可以推導出各式各樣的反應。這裡所介紹，從頂夸克誕生希格斯粒子的反應是最容易發現希格斯粒子的反應。

發展單元 「*h.c.*」具有何種意義？

位在第6項最後面的數學式「*h.c.*」稱為「厄米特共軛」（Hermitian conjugate）。以數學式來表示的基本粒子，必須使用複數（含有平方＝−1的虛數 i 的數）。支配宇宙萬物之數學式左邊的作用量 S（84頁）乃是整體，必須是實數不可，但是若沒有經過某種設計調整的話，作用量 S 有可能會出現整體是個複數的不妥當情況。因此，必須附加厄米特共軛這個特別的數學操作，讓 S 不會變成複數。

 **第 6 項** 希格斯場與基本粒子之關係項

$$\sum_{g,h} \left(y_{gh} \, \Phi(x) \, \overline{\psi}^{(g)}(x) \, \psi^{(h)}(x) + h.c. \right)$$

湯川耦合常數：表示希格斯場與形成物質之基本粒子之結合強度的值。

厄米特共軛（請參考左頁的「發展單元」）。

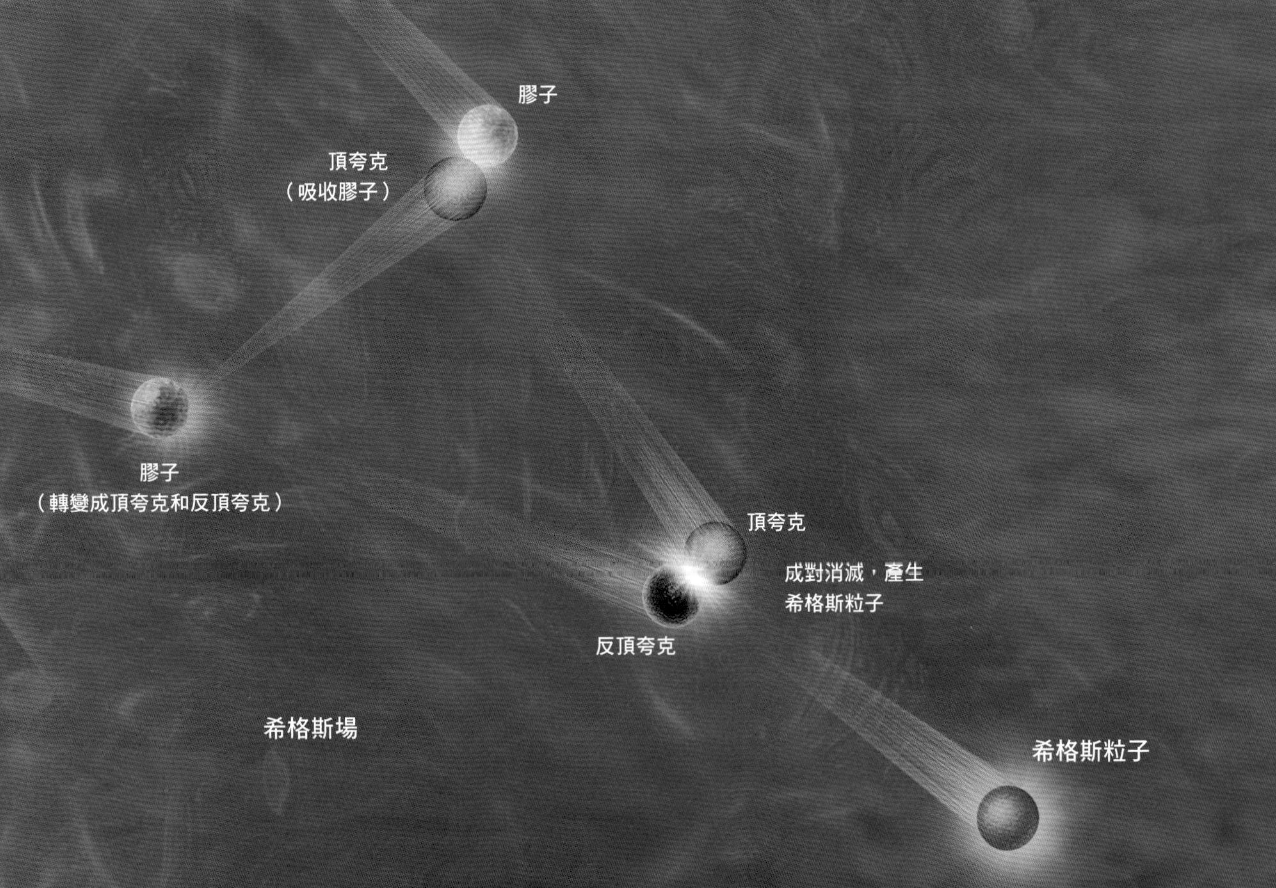

將 g 與 h（對應基本粒子的種類）分別代入右邊的數學式中，然後求出其和。

表示形成物質之基本粒子的函數

膠子

頂夸克
（吸收膠子）

膠子
（轉變成頂夸克和反頂夸克）

頂夸克

成對消滅，產生希格斯粒子

反頂夸克

希格斯場

希格斯粒子

註：在此反應中出現的頂夸克和反頂夸克稱為「虛擬粒子」，並未直接觀測到這些粒子本身。

具有重力交互作用的未知物質「暗物質」

　　據研究者表示，支配宇宙萬物的數學式還有「進化」的餘地。此數學式是根據說明基本粒子及作用於基本粒子之力的「標準模型」，以及說明空間與時間的重力理論「廣義相對論」所構築的。然而，橋本教授表示：「**這二個理論還有無法說明的謎團。其中一個就是『暗物質』的存在。**」

　　所謂暗物質就是肉眼無法見到，但是會有重力作用的未知物質。所謂肉眼無法看到係指不僅僅是使用可見光，就連使用無線電波、紅外線、紫外線、X 射線等所有的電磁波都無法觀測到暗物質。

　　雖然利用電磁波無法觀測到暗物質，但是因為由暗物質產生的重力場會影響周圍天體，亦即暗物質具有質量，因此通過重力，我們可以間接地認為它確實存在。舉例來說，我們已知在眾多星系聚集的「星系團」（cluster of galaxies）中，個個星系皆以相當快的速度運動著，但是星系卻不會飛出星系團範圍。一般認為這是受到星系團重力的牽引，而將星系拴在星系團中。

　　然而根據將星系團內眼睛所能看到（可以電磁波觀測到）之所有物質的質量相加，其所產生之重力卻無法說明為何各星系不會飛出星系團。此事意味著似乎有某種看不見的物質存在於星系團，它們的重力將個個星系拴在星系團中，該物質就是暗物質。科學家認為在宇宙中，「暗物質」的量大約是可觀測之「普通物質」量的 5 倍以上。

星系團中存在大量的暗物質

　　由眾多星系聚集而成的星系團質量，可以藉由星系團的各組成分子「星系」的運動速度推估出來。目前已知星系團的質量，遠比從星系團內肉眼（利用電磁波觀測）可見物質之量所推估的質量還要多很多。此事意味著星系團內存在大量肉眼不可見的物質「暗物質」。

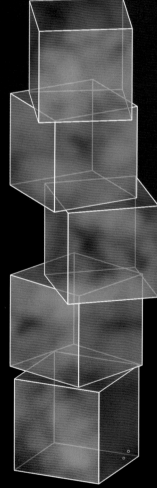

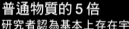

普通物質的 5 倍
研究者認為基本上存在宇宙空間中的暗物質密度是極低的，不過因為廣泛分布在宇宙中，所以合計質量約達整個宇宙之普通物質的5～6倍。

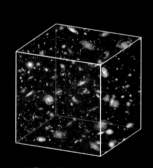

普通物質的合計質量

暗物質的合計質量

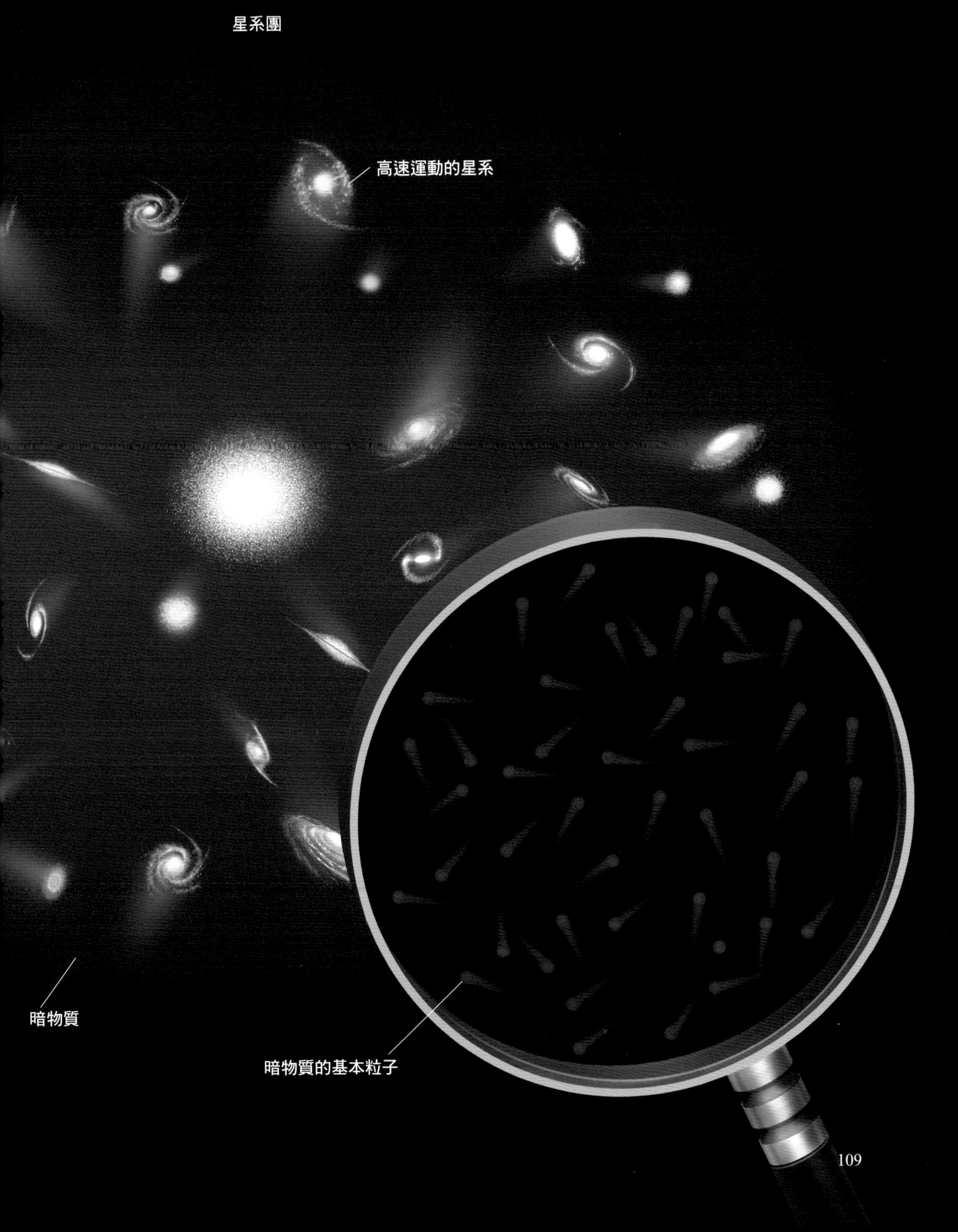

星系團

高速運動的星系

暗物質

暗物質的基本粒子

暗物質並未包含在作用量的數學式中

「一般認為暗物質是確實存在的，只是不知道本尊是什麼。因此，在支配宇宙萬物之數學式中，並未包含說明暗物質的項」（橋本教授）。

現在，世界各國都在研究暗物質的本尊，而作為暗物質的候選粒子，目前以「超中性子」（又譯為中性微子，neutralino）和「軸子」（axion）最受關注。研究者認為這二種都是不帶電荷（無電磁力的作用）的未知基本粒子。

隨著研究的進行與發展，一旦闡明暗物質的真正身分，在作用量的數學式中便能新增表示其存在的項。

暗物質的候選粒子「超中性子」（右下）

所謂的超中性子是根據「超對稱理論」（supersymmetric theory）預言其存在的「超對稱粒子」（supersymmetric particle）。超對稱理論是認為「所有的基本粒子都擁有『自旋』相異的伙伴（超對稱粒子）」的理論。這是超出標準模型框架的預言之一，是為了實現112頁將介紹之「全部力的統一」，在理論上所想出來的粒子。預言超對稱粒子中質量最小的（光子等的超對稱粒子），就是超中性子。超中性子被歸納在可能是暗物質最有力候選者「WIMP」（weakly interacting massive particle，大質量弱交互作用粒子）分類中。

構成物質的基本粒子　　　傳遞力的基本粒子

基本粒子（在標準模型中出現的基本粒子）

 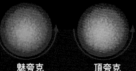

上夸克　　　魅夸克　　　頂夸克　　　　　　光子

下夸克　　　奇夸克　　　底夸克　　　　W粒子　　　Z粒子

電子微中子　　渺子微中子　　濤子微中子　　　　膠子

暗物質的候選粒子「軸子」

軸子是在1970年代為了完美說明強力之性質而預言其存在的粒子。研究者認為軸子具有僅受強磁場影響的特殊性質，同時它的質量非常輕，自宇宙誕生之初至今，其速度幾乎皆為零。

軸子具有當受到強烈磁場的影響時，會轉變為光的性質。插圖所繪即為利用該性質的軸子偵測裝置「CARRACK」（Cosmic Axion Research using Rydberg Atoms in a Roooonant Cavity in Kyoto）之機制。

吸收光，能量略微增加的鉀原子。被位在上方的偵測器偵測到。

軸子

偵測空腔
鉀原子吸收源自軸子之光的空間。與下面的轉換空腔一樣，設計成僅能讓特定波長的光長時間存在。

鉀原子變成容易吸收光的狀態（芮得柏狀態），在裝置內由下往上前進。

光（光子）

電磁鐵對內部空間施以強烈磁場。

軸子在磁場中轉變為光

轉換空腔
被施以強烈磁場的空間。研究者認為飛入空間內的軸子會有相當低的機率轉變為光（光子）。被設計成僅容特定波長的光長時間存在。

構成物質之基本粒子的伴粒子

純量上夸克　　純量魅夸克　　純量頂夸克

純量下夸克　　純量奇夸克　　純量底夸克

純量電子微中子　純量渺子微中子　純量濤子微中子

註：純量（scalar）即意味著自旋為0。

純量電子　　純量渺子　　純量濤子

自旋0（整數）

傳遞力之基本粒子的伴粒子

伴光子（photino）★

伴W粒子（wino）　　伴Z粒子（zino）★

伴膠子（gluino）

伴重力子（gravitino）

自旋為2分之1或2分之3（半整數）

超對稱粒子（超對稱理論中出現的基本粒子）

★是超微中子

＊：超對稱理論認為有一種以上的希格斯粒子及其伴粒子「伴希格斯粒子」。

伴希格斯粒子（Higgsinos）★

自旋為2分之1（半整數）

電磁力、弱力、強力原本都是相同的力？

　　支配宇宙萬物的數學式除了有增加新項的可能性外，還有可能將既有項改寫成更洗練的形式。

　　其中一個例子就是數學式的第 2 項，用以表示電磁力、弱力和強力的 $F_{\mu\nu}(x)$。在現在的「冷卻宇宙」，我們看這 3 種力分別具有不同的性質。但是，在宇宙甫誕生的「熾熱宇宙」，研究者認為這些力是無法區別的相同的力。

　　將電磁力與弱力予以統一描述的「電弱統一理論」（溫伯格-薩拉姆理論）是在 1967 年完成的，並被納入支配宇宙萬物的數學式中。但是，企圖連強力也納入，統一來描述**的大一統理論**則尚未確立，因此並未包含在數學式中。

　　「一旦大一統理論完成，表示將 $F_{\mu\nu}(x)$ 右上的 (j) 全部加總計算的 $\sum$ 就會被刪除，只要寫一個 $F_{\mu\nu}(x)$ 就可以了」（橋本教授）。

宇宙歷史與力的分歧
根據研究認為我們的宇宙年齡大約有138億歲（插圖的上半部）。科學家認為四力在宇宙甫誕生之初是沒有區別的，但是隨著時間推移，陸續分歧為不同的力（插圖下半部）。

夸克

質子

中子

基本粒子零散地四處穿梭

| 宇宙的誕生 | 10^{-43}秒後 重力分歧出來。 | 10^{-40}秒後 強力分歧出來。 | 10^{-12}秒後 電磁力與弱力分歧開來。 | 10^{-5}秒後 夸克聚集，產生質子（氫原子核）和中子。 |

重力

藉超弦理論來說明？（次頁）

電磁力

藉大一統理論來說明？　藉電弱統一理論來說明　弱力

力的分歧　強力

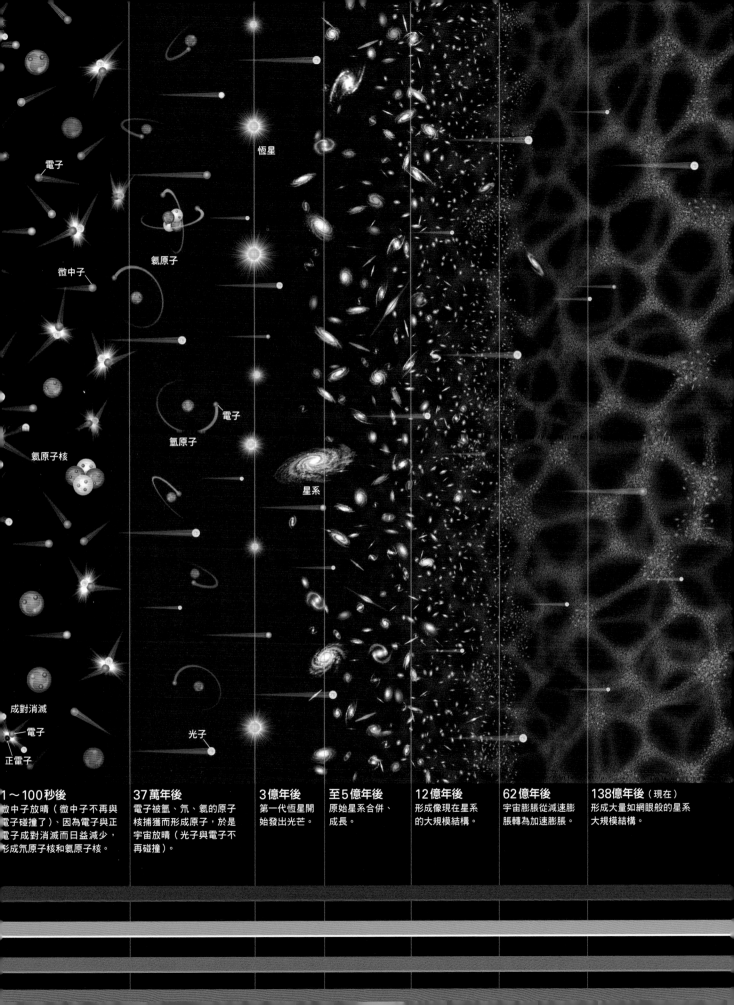

電子

微中子

氦原子

電子

氫原子

恆星

星系

氦原子核

成對消滅

電子

正電子

光子

1～100秒後
微中子放晴（微中子不再與
電子碰撞了）、因為電子與正
電子成對消滅而日益減少，
形成氘原子核和氦原子核。

37萬年後
電子被氫、氘、氦的原子
核捕獲而形成原子，於是
宇宙放晴（光子與電子不
再碰撞）。

3億年後
第一代恆星開
始發出光芒。

至5億年後
原始星系合併、
成長。

12億年後
形成像現在星系
的大規模結構。

62億年後
宇宙膨脹從減速膨
脹轉為加速膨脹。

138億年後（現在）
形成大量如網眼般的星系
大規模結構。

超弦理論有可能顛覆既有的數學式嗎？

有物理學家在大一統理論的三力之上又加入重力，希望能研究出統一來描述此四力的「終極理論」，而該終極理論的候選理論之一就是「超弦理論」。

超弦理論是認為基本粒子並非「點」，而是極為微小之「弦」的理論。在超弦理論中，弦的種類只有一種，該弦以極快速度振盪，而該振盪方式的差異，在我們看來就是基本粒子的種類（性質）差異。

「舉例來說吧，每一種形成物質的基本粒

基本粒子是由「弦」構成的？

「超弦理論」認為基本粒子的本質是振盪的弦。雖然弦的種類只有一種，但是弦以飛快的速度振盪，弦的振盪方式不同，我們看起來就是不同的基本粒子。

現階段尚未發現基本粒子是由弦所構成的證據，因此無法斷定超弦理論是完全正確的理論。但是，一旦超弦理論完成，這個支配宇宙萬物的數學式極有可能會大幅被改寫。

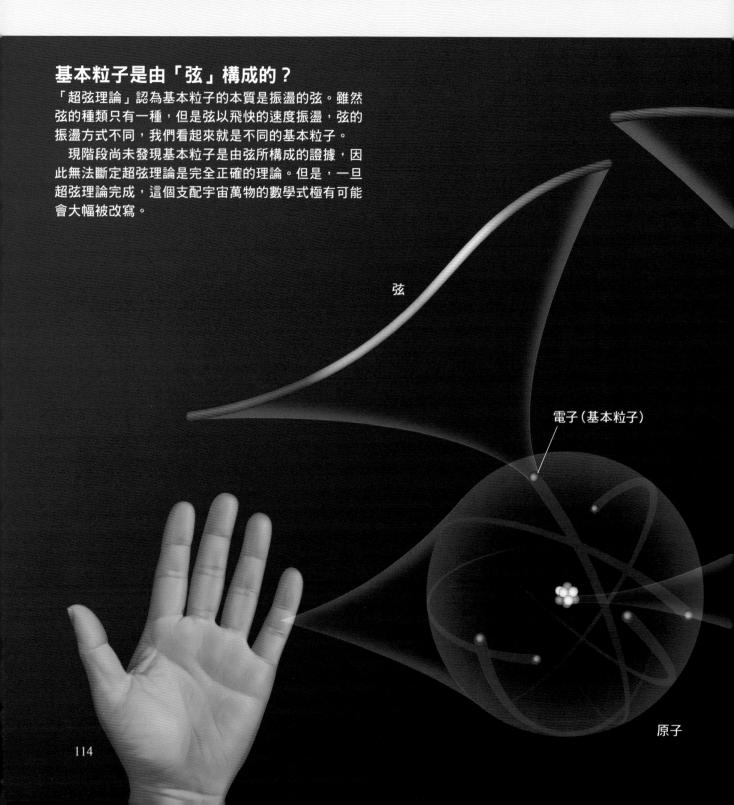

弦

電子（基本粒子）

原子

子，都可以用數學式之 $\psi(x)$ 的不同來說明（96頁）。但是，**超弦理論認為基本粒子不是點而是弦，所以原來 $\psi(x)$ 的函數形式，也會跟著改變**」（橋本教授）。

目前尚未發現基本粒子是弦的證據，因此現在還不能斷定超弦理論完全正確無誤，只能說它是尚未完成的理論。**一旦超弦理論完**

成，或許支配宇宙萬物的數學式中所出現的各項，可以統整為一項也說不定。

「支配宇宙萬物的數學式，未來還有升級的空間」（橋本教授）。

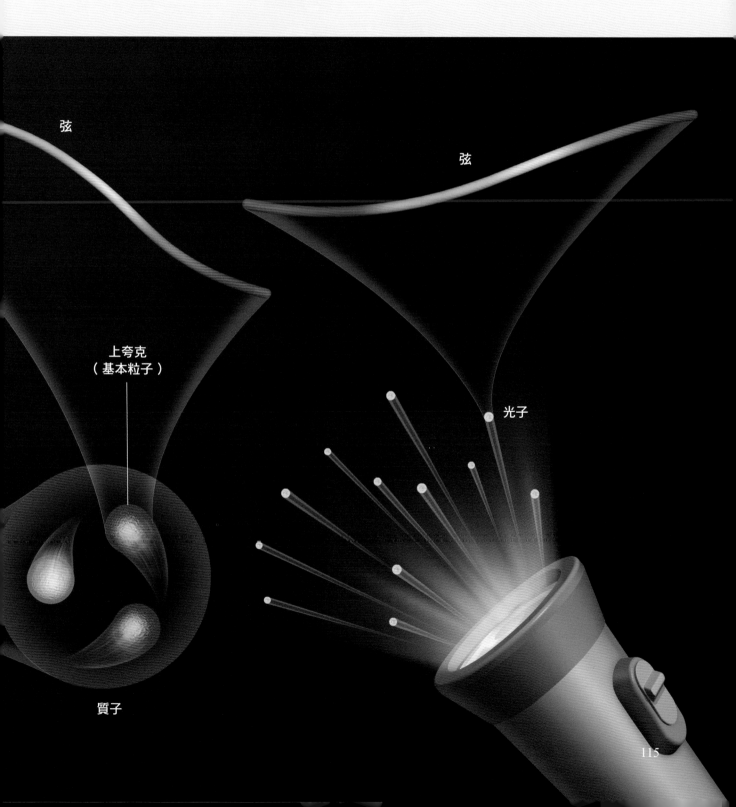

弦

弦

上夸克
（基本粒子）

光子

質子

再更深入一點
支配宇宙萬物的
數學式

協助　村山 齊／南部陽一郎／梶田隆章／鹽澤真人

4

在第 4 章中，讓我們更深入瞭解「支配宇宙萬物之數學式」吧！村山齊博士將為我們更詳細說明基本粒子物理學中的「力」以及「力的統一」。而南部陽一郎博士將以他獲得諾貝爾物理學獎的研究「自發對稱破缺的機制」為中心，說明他領先時代的發想究竟是怎麼來的。最後，梶田隆章博士將解說利用「支配宇宙萬物的數學式」無法說明的「微中子振盪」，他也因為

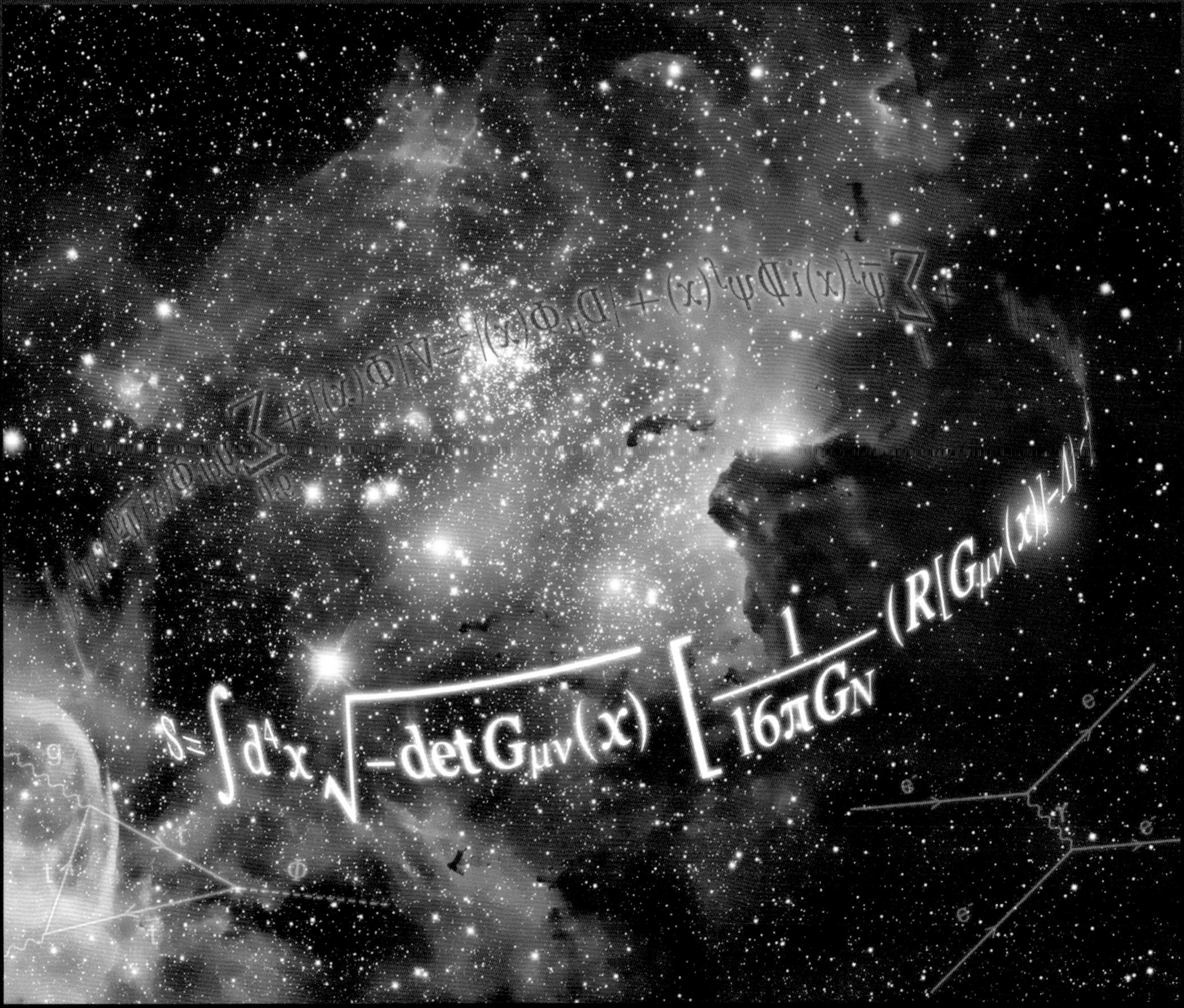
S = ∫ d⁴x √−det Gμν(x) [1/16πGN (R[Gμν(x)]−Λ)
g
t
Φ
e
γ

最終是希望能夠僅以一力，只用一個基本法則說明宇宙所有的現象

基本的作用力僅有重力、電磁力、強力、弱力這四力嗎？物理學家的終極目標「統一理論」為什麼很不容易建構呢？認為基本粒子是由微弦所構成的「超弦理論」為什麼被認為是統一理論的候選理論呢？下面請村山齊博士為我們解答這些疑惑吧！

＊本篇係2016年所進行的採訪內容。

何謂力
說明事物行為之根本性想法就是力

Galileo——究竟力是什麼？

村山博士——這是個令人難以回答的問題。力究竟是什麼呢……。讓我們回到牛頓力學來看，力是改變物體運動狀態的效能。若想要改變物體的運動方向、讓速度變快、變慢或是停止，都必須要有力的作用。

當我們說「四力」時所指的力，也許概念跟上面所說的力有點不同。四力所指的「力」，以專門術語來說應該是「交互作用」。舉例來說，原子之所以能夠形成一個團塊，電子會繞著原子核運動，而原子核的質子與中子會結合在一起，這些「能夠、會」都是因為有力，也就是有交互作用的緣故。因此，意義比以前牛頓時代所說的還要廣泛。

Galileo——力只有重力、電磁力、強力和弱力這四種嗎？

村山博士——不能說只有四個。事實上，因為發現希格斯粒子的關係，我們知道希格斯粒子所具

有的「湯川力[※1]」，這個不同的力至少有13種強度（詳情後述）。因此不僅只是四力。

不過，首先我必須讓各位知道一個令人吃驚的事實。我們平常所經驗的現象，幾乎都能用電磁力來說明。吸塵器能夠吸除灰塵、杯子不會四分五裂、我們能夠沐浴陽光等等，其實全部都能用電磁力來說明。因此，當我們彙整日常生活所見，看似不相關的各種現象，並思考能否以基本法則來記述時，結果就會發現生活周遭的所有現象都可以用電磁力這一個力來說明。

隨處可見的不同現象能以極為少數的基本法則來說明，這是物理學的目標。而該基本法則稱為交互作用，為了方便了解，就稱之為力。說明事物行為的根本性想法是什麼？它就是力。

Galileo——湯川力有13種強度，再加上四個基本作用力，所以說力的種類總共有17種囉！

村山博士——截至目前為止我們所知道的交互作用就只有這些。不過，恐怕還有更多才對。舉例來說，2015年的諾貝爾物理學獎是頒給發現顯示微中子具有質量之「微中子振盪[※2]」

※1：所謂湯川力就是作用於希格斯粒子與其他基本粒子之間的作用力。這是日本湯川秀樹理論預言之 π 介子所造成的力，因為數學性特徵相似，因此被命名為湯川力。

村山 齊 Hitoshi Murayama
日本東京大學國際高等研究所Kavli宇宙物理和數學研究機構（Kavli IPMU）教授暨主任研究員。日本東京大學理學部物理學科畢業。專長在基本粒子物理學方面，主要研究題目包括：超對稱理論、微中子、初期宇宙、加速器實驗的現象論等。著作有《宇宙是由什麼構成的呢？》等等。

（neutrino oscillation）現象的梶田隆章博士。發現微中子具有質量這件事，昭示著湯川力也不只13種，應該有更多。雖然目前已經發現微中子有質量[3]，但是還無法說明為什麼有質量，因為無法說明，所以也就無法回答你的問題。不過，力的種類應該還有更多。

至於說宇宙中的力實際上究竟有幾個，現階段還不知道。雖然不知道，但是可以確定用非常少數的力來說明所有的現象是物理學的方向。而最終能夠只以一個力、一個基本法則來說明則是目標。為了朝此目標邁進，盡量將目前已知的力以更基本的交互作用來說明，最終能夠完成終極的「統一理論」。

基本粒子
基本粒子讓人想到點

Galileo──所謂基本粒子，究竟是什麼呢？

村山博士──就是無法再分割的物質單位。我們

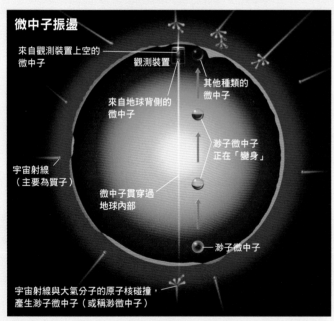

微中子振盪

來自觀測裝置上空的微中子
觀測裝置
來自地球背側的微中子
其他種類的微中子
渺子微中子正在「變身」
宇宙射線（主要為質子）
微中子貫穿過地球內部
渺子微中子

宇宙射線與大氣分子的原子核碰撞，產生渺子微中子（或稱渺微中子）

宇宙射線與大氣分子的原子核碰撞，就會產生「渺子微中子」（muon neutrino）。比較來自不同方向的微中子種類和數量，得知從地球背側而來的渺子微中子數量比來自觀測裝置上空的渺子微中子數量還要少很多。這是因為發生在地球背側的渺子微中子在通過地球內部的過程中，「變身」為其他種類的微中子了。這樣的現象稱為「微中子振盪」。

生活周遭所看到的一切東西，都能用電子、上夸克、下夸克這3種基本粒子來記述，這是現在的想法。

科學家認為各式各樣物體反應的力、交互作用，事實上就是藉著傳遞基本粒子發生作用的。傳遞重力的是重力子、傳遞電磁力的是光子、傳遞強力的是膠子、傳遞弱力的是弱玻色子。因此，基本粒子不只可以說明物質是由什麼所構成，同時也能說明在物質之間作用的力。也有人說基本粒子是力的媒介。

Galileo──基本粒子是成球狀的顆粒嗎？

村山博士──如何來形容比較好呢？電子和夸克這些基本粒子都會滴溜地旋轉。在某種意義上是有軸的。因此，與其說它們成球狀，也許說是像雪茄般細長的東西會更形象一點。

Galileo──意思是說基本粒子會變形嗎？

村山博士──不是。基本粒子的形貌無法以人類的語言來形容。當我們提到電子、夸克這些基本粒子時，腦海中浮起的差不多都是點的印象，而沒有大小。然而，沒有大小的物體環繞運行，在直覺上其實很難理解。因此，不得已只好把它們繪成球狀、長條狀等等，但是不會將它們想成軟趴趴的東西。不過一般還是把它們想成是點一般的東西。

Galileo──基本粒子沒有大小嗎？

村山博士──是的。至少在實驗上，目前我們還不知道它們的大小。至於要說它們究竟有多大，我們只知道大約在10^{-17}公分以下。在現階段，我們完全沒有掌握到基本粒子有大小的證據。

Galileo──意思是說沒有大小的基本粒子組成質子和中子嗎？

村山博士──是的。質子和中子是有大小的。內部有3個點狀的夸克，這3個夸克還會旋轉運動。運動中的粒子束縛在大約10^{-13}公分左右的範圍內。因此，一般所說質子的大小並非指收納其中之粒子大小，而是因為粒子在裡面旋轉運

※2：微中子振盪就是微中子在空間中行進的過程中，轉變成其他種類的微中子，然後又恢復成原本種類的微中子的現象。

※3：標準模型理論預言微中子是不具質量的。現在科學家發現微中子具有質量，因此一般認為標準模型有修正的必要性。

動，所以說的是：「就整體而言，收納在多大的範圍內」。

Galileo——基本粒子的質量到底有多大呢？

村山博士——首先，原子的質量絕大部分是收納在裡面的質子與中子的質量。質子與中子有大小，內部有夸克在運動。質子與中子的質量，其實幾乎就是在內部運動之夸克的能量。根據愛因斯坦 $E＝mc^2$ 算式，質量和能量是可以互換的，所以當我們想到質子的質量時，其實就是在其內部運動之夸克的動能以及將夸克束縛在一起之強力的位能。

假設質子內部的夸克能夠靜止不動，那麼它的質量會有多大呢？事實上跟質子的質量相較，約僅是質子的1000分之1到數百分之1而已。因此，若計算一個個基本粒子所擁有的質量，其實它們真的都很輕。而電子的質量更輕，大約只有質子質量的2000分之1而已。

Galileo——這就是現在我們所認為終極的，無法再切割的基本粒子的樣貌囉！

村山博士——是的。不過，為什麼電子的質量會與上夸克、下夸克的質量有差異，原因我們還不是很清楚。

一個個的基本粒子因為與充滿宇宙的希格斯粒子碰撞，速度變慢而擁有了質量。而碰撞強度就是前面提到的，在基本粒子與希格斯粒子之間作用的湯川力。因為每種基本粒子都不相同，所以湯川力的強度也不一樣。因為湯川力強度的不同，所以每種基本粒子所獲得的質量就不一樣。那麼，為什麼基本粒子不同，湯川力的強度就不一樣呢？這一點也是科學家還在探討的問題，是個大謎團。目前已知力的強度有13種，為什麼是13這個數字呢？目前沒有人可以說明清楚。

Galileo——除了質量之外，基本粒子之間還有什麼樣的差異呢？

村山博士——比方來說，跟電子相較，上夸克的電荷強度是3分之2，符號與電子是相反的。下

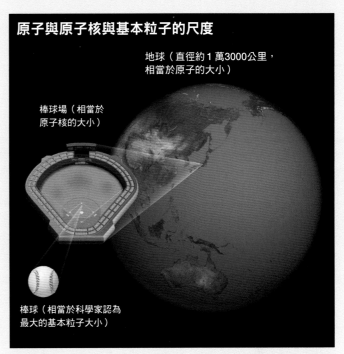

原子與原子核與基本粒子的尺度

地球（直徑約1萬3000公里，相當於原子的大小）

棒球場（相當於原子核的大小）

棒球（相當於科學家認為最大的基本粒子大小）

若將原子大小放大至地球大小的話，原子核的大小就約像個棒球場，而基本粒子最大（10^{-17}公分）可能就像個棒球。

夸克的電荷強度是3分之1。所以，如果我們將每一種基本粒子拿過來看，就會發現它們不僅具有質量的性質，也具有擁有多少電荷的性質，同時還有前面我們所說會進行旋轉運動，相當於其旋轉態勢的「自旋」性質。

統一理論

相信統一理論是很單純的

Galileo——各基本粒子的性質為何會不一樣呢？

村山博士——我認為這部分可能得用統一理論的觀念來理解了。利用我們所熟知的「標準模型」，無法說明各不同的基本粒子為什麼會有性質上的差異。因此，我們需要有追究到更基本部分的理論。

所謂更基本的理論，意味著更深的理論。一般，我們對「基本」的印象就是像參考書上所列的重點，是非知道不可，非背不可的部分。但是這裡所說的基本是指「追究到最深處、最根本的部分，只要了解這部分，所有問題都迎刃而解」

的意思。倘若能夠建構出這樣的基本理論，或許就能從這裡將每一種基本粒子的性質推導出來。

我們希望藉著闡明更深階段，能夠將以前零零散散，像是「這個具有這樣的性質，請背下來」這些完全靠默記的東西，能夠用一個公式推導出來。這就是統一理論的目標。

Galileo——也就是了解基本粒子為何擁有該性質的根源性原因囉！

村山博士——是的。只要充分理解物質之基本構成粒子以及在粒子間的交互作用力，就能觸類旁通所有的事情。若更深入探究闡明到最後，也許就能了解所有的問題了。

Galileo——統一理論是非常複雜的東西嗎？

村山博士——不是，我們相信應該是非常單純的。舉例來說，不管是重力的方程式或是電磁力的方程式，都簡短到可以寫在 T 恤上面。

Galileo——簡單到連我們都能理解嗎？

牛頓認為的重力與
愛因斯坦認為的重力

牛頓

絕對時間

重力（萬有引力）

絕對空間

愛因斯坦

時空（一體化的時間與空間）

擁有質量之物體周圍的空間彎曲，時間延遲。

牛頓認為在不會變化的絕對時間與空間中，具有質量的物體之間，會有相應其質量的重力（萬有引力）在作用。另一方面，愛因斯坦認為具有質量的物體會導致周圍空間彎曲，時間的進程變慢，會對物體運動產生影響。他主張這就是我們平常所說的重力（萬有引力）的真正身分。

村山博士——如果不知道數學語言就無法理解方程式，因此光看方程式是無法明白的。不過只要經過學習，就一定能夠理解。

Galileo——舉例來說，就像原子的構成要素是電子、質子和中子這類，就連我們都能夠理解的，是嗎？

村山博士——是的，就是這樣。我們常常看到原子的結構圖。看到原子結構圖時，我們會恍然大悟：「哇！原來原子就是這樣的組成啊！」，並且留下深刻的印象。

因為這是將數學式表現的內容用圖畫來呈現，所以嚴謹來說並不正確，不過至少會留下印象。若進一步剖析質子，就會發現內部有很小的夸克粒子在運動。到這個階段，應該還是很形象化的。若再深入探究，就好像週期表可以藉由繞著原子核運行的電子，以形象來說明一般，夸克家族和輕子家族的所有基本粒子，都能系統化了解為什麼具有這樣的性質，這就是統一理論。

超弦理論

若無超對稱，就無法順利推演出超弦理論

Galileo——在建構統一理論的過程中，是否遇到什麼問題呢？

村山博士——前面已經說過愛因斯坦認為我們所說的重力，其實就是空間的彎曲。他認為環繞著太陽運行的所有行星之所以都作同樣的橢圓運動，是因為太陽周圍的空間彎曲的緣故。雖然不管是地球、木星等行星都想要筆直前進，不過因為空間彎曲，它們只好跟著彎曲了。而這種空間彎曲就是我們所說的「重力」。

因此，重力究竟是不是真的「力」，其實這裡面還包含了我們並不十分清楚的問題。重力究竟是什麼？現在還有許多研究者在研究這個問題。因此，我們常常掛在嘴邊的重力，想要跟其他三力統一起來將會是個極為困難的問題，該如何著手現在仍摸不著頭緒。雖然現階段還不知道該怎

麼讓重力與三力統一，不過我們認為重力是力，跟其他三力一樣，應該是藉由重力子這種基本粒子的傳送與接收而產生的。

Galileo──從愛因斯坦提出廣義相對論以後，還有其他人提出說明重力的數學式或理論嗎？

村山博士──為了將傳遞重力的重力子與其他的基本粒子予以統一，於是就發展出名為「超弦理論」的理論來。超弦理論認為不管是重力子或是傳遞電磁力的光子，甚至連構成物質的基本粒子都可以用像橡皮圈般的弦來表示。弦的振盪方式不同，表現出來的性質就不一樣。因此，超弦理論的想法認為：所有傳遞力的基本粒子跟所有構成物質的基本粒子原本都是一樣的微弦。

　　現在物理學家們認為超弦理論有可能是終極統一理論的原因，就在於該理論試圖以一個東西來說明所有的現象。假設更深入來探討以空間彎曲來表現重力的愛因斯坦理論，當我們想到這個使空間彎曲的東西究竟是什麼時，我們可以想成不管是傳遞電磁力的光子，還是實際上一直都在作旋轉運動的電子，全都是像橡皮圈的弦，是弦產生重力的。

Galileo──這樣看來，或許真的能有建設性發展也說不定。

村山博士──說不定是的。超弦理論之所以會有個「超」字，說的就是超對稱的超。如果沒有超對稱關係，就無法順利建構超弦理論。

Galileo──所謂超對稱，究竟指的是什麼呢？

村山博士──在超對稱理論中出現的基本粒子稱為超對稱粒子。雖然目前尚未發現超對稱粒子，不過超弦理論的想法認為我們現在熟知之標準模型中的每一種基本粒子，都有與之相對應的，一種像是替身一樣的伴粒子存在。

　　在標準模型中出現的基本粒子可分為構成物質的基本粒子和傳遞力的基本粒子二大族群。而超對稱粒子是：構成物質之基本粒子的伴粒子是與傳遞力之基本粒子相似的基本粒子；傳遞力之基

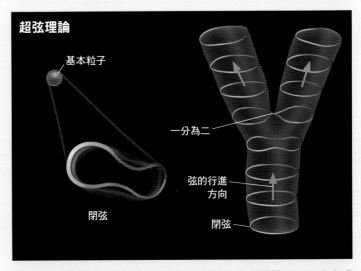

超弦理論

基本粒子

一分為二

弦的行進方向

閉弦

閉弦

超弦理論是認為「所有基本粒子都是由微小的弦所構成」的未完成理論（除了有像橡皮筋般的閉弦之外，還有「開弦」）。根據超弦理論的說法，基本粒子的性質不同是因為弦振盪方式的差異所產生的。此外，基本粒子放出和吸收其他基本粒子的反應，可藉由弦的分開與黏合來表現。

本粒子的伴粒子是與構成物質之基本粒子相似的基本粒子。所謂超對稱是一種可以跨越族群框架的新對稱。

　　就好像用鏡子可以讓左右替換一般，企圖將看起來不一樣的東西聯結起來的操作稱為對稱性。而超對稱的情況就是可以將構成物質的基本粒子轉變成跟傳遞力之基本粒子相似的基本粒子。因為將乍看下完全不同的東西聯結起來了，比一般的對稱性還要厲害，所以稱為「超」對稱。

Galileo──看起來是比對稱性還要更加厲害的東西……。

村山博士──是的。它能夠將一般對稱性所想像不到的東西聯結起來。

　　雖然現在已經認真、實驗性的探索超對稱粒子，但是尚未有任何發現。因此，我們不知道是否真的有超對稱粒子，現階段只能說有這樣的說法。不過為了統一三力的「大一統理論」著想，我們當然希望有超對稱粒子存在會方便許多。

Galileo──也就是說，若能發現超對稱粒子，就能加速統一理論的研究速度，這實在是非常有趣的話題。謝謝您接受我們的訪問。　　　　✦

南部陽一郎 Yoichiro Nambu

美國芝加哥大學榮譽教授。1921年出生於東京都，1952年獲得東京大學博士學位（理學博士），同年赴美。1958年擔任芝加哥大學教授，1961年發表有關「自發對稱破缺」論文，建立了基本粒子論之「標準模型」的基礎。其他成就尚有「弦論」的提案、關於「量子色動力學」（quantum chromodynamics）的先驅性預言等等。

在荒蕪之地播種是
一種快樂

2008年的諾貝爾物理學獎頒給在理論上闡明基本粒子物理學之
「對稱破缺」的三位物理學家。其中美國芝加哥大學榮譽教授
南部陽一郎博士所闡明的是「自發對稱破缺的機制」。且讓我們
請教站在時代前端，因無數功績而聞名的南部博士，其發想的
根源及今後理論物理學的展望為何。

＊本篇內容係2008年南部陽一郎博士獲頒諾貝爾物理學獎時
所進行的採訪稿。

Galileo——恭喜您獲得諾貝爾物理學獎！是什麼
因素促使您對科學產生興趣的呢？

南部——從小時候開始，就確定自己對科學有興
趣了。不過，要鑽研科學當中的哪個學門，則是
到了舊制高中時代才決定的。思考大學要讀哪個
科系時，最後決定讀物理。

Galileo——決定選讀物理的原因是什麼？

南部——當時，湯川秀樹博士的名號響遍了全世
界，因為湯川教授的「介子論」獲得了證實。我
確信這對我來說是一大刺激。

Galileo——湯川博士的「介子論」是在1935
年發表的，當時南部教授應該才14歲；而湯川
博士成為第一位獲得諾貝爾獎的日本人則是在
1949年。

南部——沒錯。除此之外，我對「背的」東西實
在不擅長。因此，我希望只要記得極少數的基本
原理，就可以應用到每個地方，而物理學是自然
科學的基本法則。當然，應用物理去尋找答案的
過程還是相當辛苦的。不過，總而言之，只要知
道基本法則，就可以致力去研究所有的未知，這
讓人覺得很安心。我當時的觀念就是這樣。

Galileo——這種以探究基本法則為目標的想法，
在其後的所有研究都是一以貫之的嗎？

南部——我想應該是這樣的。

注意到超導理論潛藏的「缺陷」

Galileo——進入大學之後，立刻展開基本粒子論
的研究嗎？

南部——我所就讀的東京大學，當時是「凝聚態
物理學」（condensed matter physics）比基
本粒子論更盛行。日本的基本粒子論，是湯川秀
樹博士所在的京都大學、朝永振一郎博士所在的
東京文理科大學專擅的領域。因此，我接受了凝
聚態物理學教育，打算鑽研這個學門。其中，凝
聚態物理學的一個重大議題是超導，從那個時候
開始對超導產生興趣。

Galileo——所謂超導，是指物質的電阻變成零，
能夠持續不斷地傳導電流的現象吧！

南部——超導是20世紀初期發現的現象，但直
到1957年才建立起能夠說明的完整理論，也就
是我任職的芝加哥大學附近的伊利諾大學的物
理學家巴丁（John Bardeen）、古柏（Leon Neil

Cooper）、施理弗（John Robert Schrieffer）3人所提出的「BCS理論」（Bardeen-Cooper-Schrieffer Theory）。

Galileo——這三位獲頒1972年諾貝爾物理學獎。

南部——我從1954年進入芝加哥大學之後，和巴丁等人也有過交流。在BCS理論逐漸形成的過程當中，3人之中的施理弗曾經來到芝加哥大學開設講座。由於這個契機，使我對超導有更深入的思考。結果，我注意到雖然BCS理論是個能夠完美說明超導現象的偉大理論，但是在邏輯上仍然有些微的缺陷存在。

Galileo——什麼樣的缺陷呢？

南部——用物理的語言來說，有一項「電荷守恆定律」（charge conservation law）。電荷的總量，既不會消失，也不會增加，這稱為電荷守恆定律。但是他們的理論打破了這個定律，我覺得這一點很怪異。因此，我持續研究了 2 年半，終於解決了這個疑問。而我從那個時候開始關心起基本粒子論的領域，所以想試試看自己的想法是否也適用於基本粒子論的問題。

在頒獎會場也看得到「對稱性破缺」

Galileo——您提到的基本粒子論的問題，究竟是什麼呢？

南部——這個問題就是「手徵性」（chirality）。不過，要說明這個問題有點困難。首先，舉個例子吧！由於這次獲得諾貝爾獎，所以在芝加哥大學舉行個記者會。看著記者們的臉，突然發覺到：「大家都朝我這邊看」。其實這是一件很奇怪的事，為什麼呢？因為在物理定律中，並沒有規定非得要「朝某個方向」不可。所以，原本可以朝任意方向的，現在為什麼大家整齊一致地朝向我這邊呢？當然理由就是：我在這裡。換句話說，給予「我」這項刺激之後，原本應該可以朝任意方向的臉，就變成通通朝特定的方向了。這稱為「自發對稱破缺」（spontaneous symmetry breaking）。

Galileo——「原本可朝任意方向」的性質稱為「對稱性」，「儘管如此，自己卻想要朝某個方向」的現象稱為「自發對稱破缺」。可以這樣解釋嗎？

南部——就是這樣。一旦有對稱性，必定會伴隨而生的就是守恆定律。在BCS理論下，因為電荷守恆定律遭到破壞，所以才會發生超導。如果把這個理論導入基本粒子，則基本粒子便具有「手徵性」的性質。相對於粒子的行進方向，自旋（spin）可分為左旋和右旋。

Galileo——所謂自旋，是指粒子的「自轉」吧？

南部——是的。手徵性的守恆定律——亦即「手徵對稱性」（chiral symmetry）如果發生自發破缺，粒子就會產生質量；相反地，如果沒有質量，手徵對稱性就可以保持；我想這樣講比較容

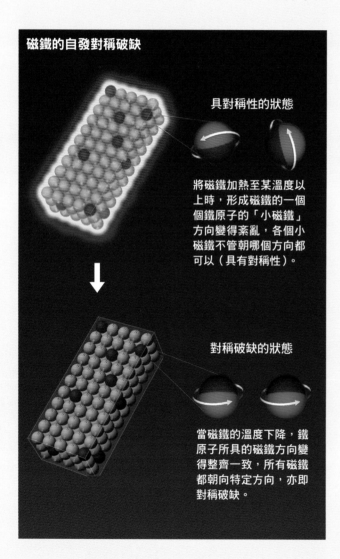

磁鐵的自發對稱破缺

具對稱性的狀態

將磁鐵加熱至某溫度以上時，形成磁鐵的一個個鐵原子的「小磁鐵」方向變得紊亂，各個小磁鐵不管朝哪個方向都可以（具有對稱性）。

對稱破缺的狀態

當磁鐵的溫度下降，鐵原子所具的磁鐵方向變得整齊一致，所有磁鐵都朝向特定方向，亦即對稱破缺。

手徵對稱性破缺意味著「質量的產生」

1. 何謂「手徵對稱性」？

相對於粒子的行進方向，自旋可
區分為向右旋轉和向左旋轉，稱
為「手徵性」。不管從哪個立場
的觀測者看去，手徵性都不會改
變，稱為「手徵對稱性」。

相對於粒子的行進方向「右旋」

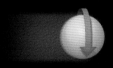

手徵性＝ +1

相對於粒子的行進方向「左旋」

手徵性＝－ 1

2. 「手徵對稱性破缺」意味著什麼？

當粒子以未達光速（＝具有質量）的速度行進時
假設該粒子的手徵性，從靜止的觀測者來看是「右旋」。但是從速度趕過粒子的觀測者來看，因為粒子的運動方向相對而言是逆轉
的，所以粒子的手徵性變為「左旋」。像這樣，因觀測者的立場不同，粒子的手徵性也會發生變化（手徵對稱性破缺）。

當粒子速度達光速（＝質量為零）時
由於自然界的最高速度為光速，想要追趕過該粒子是不可能的。因此，以光速飛行之粒子的手徵性，不論從哪個立場看都不會改變
（保持手徵對稱性）。

以未達光速的速度前進
的粒子

從靜止的觀測者來看……

手徵性＝ +1

從趕過粒子的觀測者來看……

手徵性＝－ 1

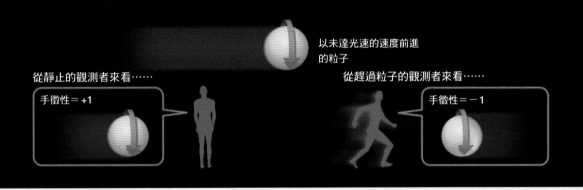

易了解。

Galileo——也就是說，南部教授建立了說明基本
粒子質量起源的理論基礎。

南部——是的。現在的「標準模型」把粒子擁
有質量的機制分為二個階段來考量。藉由自發
對稱破缺，「希格斯粒子」（Higgs boson）把
微小的質量給予各個粒子，接著，與「膠子」
（gluon）這種粒子有關的對稱性發生破壞，進
一步把更重的質量給予各個粒子。這原本是我的
假說，不過後來也被確認是正確的。比為什麼不
同種類的粒子擁有不同的質量，其理由到現在還
沒有人能提出解釋。大家都認為，比標準模型更
往前推進一步的「大一統理論」似乎能夠加以說

明，但光憑這個還是不行。

Galileo——「對稱性破缺」和我們身處的這個宇
宙有什麼關係呢？

南部——談到對稱性破缺，大致上，如果把溫度
升高的話，就不會發生了。超導也是一樣，溫度
上升就不會發生。因此，我們可以推測，在像宇
宙初期那樣溫度非常高的時候能夠保持對稱性的
粒子，當溫度逐漸冷卻之後，對稱性也會破壞，
而擁有質量。我們都說宇宙誕生後，在「最初的
3 分鐘」製造出元素，但在那之前，要先發生對
稱性破缺才行。

南部理論是「在晚上創造出來的」

Galileo——在好不容易探索出「自發對稱破缺」的構想時，您的心情如何？

南部——我非常喜歡對稱性破缺這個想法，因此得到了很大的滿足感。不過，當初在基本粒子的領域並未受到好評。到了1970年時，才因為這個理論而得到「德尼海內門獎」（Dannie Heineman Prize）。這是我得到的第一個獎，也是讓我感到最高興的一件事。

Galileo——除了「自發對稱破缺」之外，您也提出了超弦理論的原型「弦理論」、與量子色動力學相關的先驅性預言等等，教授的功績始終站在時代的尖端。有人說：「物理的大部分議題都留有南部教授的足跡。」

南部——如果讓其他的人來說，可能會說我只是在空地上播下種子吧！不過，這是一種樂趣，所以我去做。我一直在想，與其追隨別人的腳步，不如去做些不一樣的事情。因為這樣沒有競爭，比較輕鬆愉快。

Galileo——南部教授的靈感都是在什麼樣的情況下閃現的呢？

南部——多半是在睡覺的時候，半夜吧！因為常常一整個晚上都在思考，所以接著就會夢到。白天會被各種事情分心，或是被先入為主的成見困住。晚上就沒有這些困擾，或許是隱藏的成見都跑出去了吧！

Galileo——會不會早上起床又忘了？

真空態發生自發對稱破缺，宇宙誕生結構

南部博士注意到「手徵對稱性」狀況和「手徵對稱性破缺」狀況的差異，該狀況差異「能夠用來說明真空所具有的性質」。也就是說，可以解釋成「隨著宇宙的膨脹，真空的狀態起了變化（相變），這個變化引發了對稱破缺（真空態自發對稱破缺）。藉由這種對稱性破缺，基本粒子的質量不再是零，基本粒子再也無法以光速運動」。南部博士建立了「由於對稱性遭到破壞，使基本粒子產生質量」的理論，並在1961年發表。

　　如果基本粒子的質量維持為零，則光速的基本粒子只會到處飛竄，變成無聊的宇宙。但是，就因為對稱性破壞了，基本粒子減速了，它們才會組合起來，使得宇宙中有各式各樣的物質誕生。而且也因為這樣，我們今天才會在這裡。把這件事的來龍去脈說個清楚的，可以說就是南部理論。

　　將南部理論進一步發展的「希格斯機制」認為，真空態會因自發對稱破缺，變成「希格斯場」（充滿「希格斯粒子」的場域）。通過這裡的基本粒子，受到希格斯粒子的阻力，基本粒子的速度會變慢（擁有質量）。又，南部理論認為，中子和質子有98%的質量是藉由與希格斯場不同的其他相變（phase transition）所獲得的。

以光速飛行的基本粒子（每個的質量都是零）

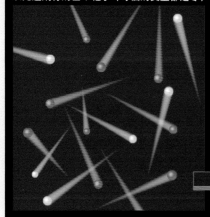

因真空態自發對稱破缺而產生質量（希格斯機制）

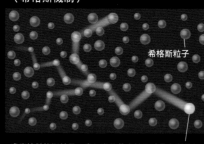

希格斯粒子

一邊衝撞希格斯粒子一邊行進的基本粒子（具有質量）

在宇宙中誕生結構

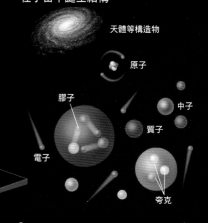

天體等構造物
原子
膠子
中子
質子
電子
夸克

1.
剛誕生的宇宙非常高溫，因此能夠保持基本粒子的對稱性。每個基本粒子都不具有質量，以光速在飛行。

2.
宇宙逐漸冷卻，發生真空態自發對稱破缺，真空充滿了希格斯粒子。結果，一部分基本粒子一邊衝撞希格斯粒子一邊行進，它的速度無法維持光速。這就是基本粒子的質量產生。

3.
其後，質子和中子獲得質量，後來與減速的電子結合，誕生了原子。結果，產生了物質，在宇宙中形成恆星及星系等構造。

南部──也會啊！聽說湯川先生如果睡覺時想到什麼事情，會立刻起床把它記下來。但是我很懶，沒有這樣做。所以，常常同樣的事情要想個好幾遍。

理論物理學的未來託付給巨大加速器

Galileo──您對2008年完成的巨大圓形加速器「LHC」（Large Hadron Collider：大型強子碰撞型加速器），以及計畫中的直線形加速器「ILC」（International Linear Collider：國際直線形加速器[1]）有什麼期待？

南部──LHC究竟會發現什麼呢？會出現希格斯粒子[2]嗎？或是會出現某種「超對稱粒子」？如果一無所獲，基本粒子物理學就沒戲唱了。超弦理論或大一統理論等站在標準模型前頭的理論，有一個很特殊的情況，就是理論方面跑太快了，實驗追不上。我期待將來的加速器能夠填補這個落差。

Galileo──另外，您對於大一統理論（grand unification theory，GUT）的未來抱持什麼樣的看法？

南部──可以確定的是，建構大一統理論是件艱困的工作！在理想上，我認為大一統理論應該成立。問題是，要花多少時間呢？加速器的能量，大概以每10年增加10倍的比例提升。假設維持這個比例，那麼可以計算出來，想要達到足以驗證大一統理論的能量水準，大約需要100年。

Galileo──但並非不可能實現吧？

南部──不過，地球的大小是固定的，若要提升能量，必須把環加大，所以如果沒有新技術的話就行不通了。

Galileo──其中之一就是像ILC這樣的直線形加速器嗎？

南部──是的。但是，即便如此，地球的大小和費用問題仍然是瓶頸。除了加速器之外，藉由宇宙觀測來驗證大一統理論應該也是可能的。

Galileo──您現在的興趣是大一統理論嗎？

南部──不，現在思考的是更小的事情。因為，如果不能驗證，沒有進展，那就不好玩了。

基本粒子物理學的歷史與諾貝爾物理學獎

年代	人物與理論	獲獎年
1932年	費米「弱力的導入」	（1938年諾貝爾獎）
1932年	羅倫斯「粒子加速器的開發」	（1939年諾貝爾獎）
1935年	湯川秀樹「核力的介子論」	（1949年諾貝爾獎）
1947年	朝永振一郎、施溫格、費曼「重整化理論」	（1965年諾貝爾獎）
1956年	楊振寧、李政道「宇稱不守恆理論」	（1957年諾貝爾獎）
1961年	南部陽一郎「自發對稱破缺」	（2008年諾貝爾獎）
1964年	蓋爾曼「夸克模型的倡議」	（1969年諾貝爾獎）
1964年	恩格勒、希格斯「發現基本粒子質量的生成機制理論」	（2013年諾貝爾獎）
1964年	克羅寧、費奇「CP對稱破壞」	（1980年諾貝爾獎）
1967年	格拉肖、溫伯格、薩拉姆「電弱統一理論（溫伯格-薩拉姆理論）」	（1979年諾貝爾獎）
1973年	小林誠、益川敏英「小林‧益川理論」	（2008年諾貝爾獎）
1973年	格羅斯、波利澤、威爾契克「漸近的自由性（量子色動力學的基礎）」	（2004年諾貝爾獎）
1998年	梶田隆章、2001年　麥克唐納「發現顯示微中子具有質量的微中子振盪」	（2015年諾貝爾獎）

Galileo──最後，想請您對讀者，尤其是年輕人，說幾句話。

南部──就我本身的經驗來說，最重要的是：擁有偉大的夢想。其次是：做自己喜歡的事。樂在其中，比什麼都重要。

Galileo──謝謝您接受本刊的採訪！

※1：日本在2004年8月展開「ILC」（International Linear Collider：國際直線形加速器）計畫，而JLC（日本高能加速器研究中心所主導的計畫，主要是建設讓電子與正電子對撞的直線形加速器，以進行高能基本粒子的實驗）的構想也被納入ILC中。ILC是全長約20公里的直線形加速器，利用產生大量的希格斯粒子以切入宇宙之謎。

※2：2012年已確認希格斯粒子的存在，請參考102頁說明。

超越基本粒子之「標準理論」，開闢新的地平線

2015年的諾貝爾物理學獎頒發給日本東京大學宇宙射線研究所教授梶田隆章博士。梶田博士利用巨大觀測裝置「超級神岡探測器」（Super-Kamiokande），發現「微中子」這種基本粒子轉變成其他微中子的「微中子振盪」現象。過去一直認為微中子的質量為零，倘若真是這樣，理論上就不會發生微中子振盪。發現微中子振盪意味了微中子有質量，此可謂是超越基本粒子物理學基礎之「標準模型」的成果。梶田博士等人開闢了物理學新的地平線。現在，就請梶田博士來談談發現微中子振盪的經過。

協助：鹽澤真人 日本東京大學宇宙射線研究所教授

＊本篇內容係2015年梶田隆章博士獲頒諾貝爾物理學獎時所進行的採訪稿。

Galileo——恭喜您榮獲諾貝爾物理學獎。2002年小柴昌俊老師獲得諾貝爾物理學獎，此次梶田老師也獲得該獎項，由於兩位博士的研究成果，讓全世界的人都知道「微中子」的大名。不過，就一般大眾而言，很難具體瞭解微中子究竟是什麼東西，也不容易留下深刻的印象。請問您，微中子究竟是什麼樣的粒子呢？

梶田——若將電子的電荷和質量幾乎剝奪殆盡之後，差不多就可以說是微中子了。由於微中子是不帶電荷的基本粒子，感覺不到它的靜電力，因此就連地球也能穿過[1]。

Galileo——簡直就像是幽靈一樣的粒子……。

只因為「一行介紹文」，就加入了小柴研究室

Galileo——梶田老師對物理學和科學感興趣的契機是什麼？例如：有無受到什麼書籍、電視節目的影響呢？

梶田——坦白說，我沒印象有什麼特別的書籍。

Galileo——換句話說，就是慢慢地感受到科學的魅力囉！

梶田——是的，我就是這種感覺。

Galileo——那麼，請問您就讀研究所時，加入小柴老師研究室的契機或是理由是什麼呢？

梶田——跟現在的時代完全不同。在我讀研究所的時代，自己的老師到底在研究什麼？將來畢業後可以從事什麼樣的工作，幾乎是全然不知。現在，網際網路都有各研究室的介紹，但是在我們就讀研究所的當時，完全沒有這一類的資訊。當我看到東京大學的入試要項時，有數行文字是有

[1]：帶電荷的粒子即使穿過原子，也會因為受到組成原子之電子和原子核的靜電力影響而使行進軌跡發生彎曲。另一方面，因為微中子並未受到靜電力的影響，所以可以穿過電子。

梶田隆章 Takaaki Kajita
日本東京大學宇宙射線研究所教授。理學博士，1959年生。埼玉大學理學部物理學科畢業，歷經東京大學理學系研究科研究所
碩士課程、博士課程，在1986年成為東京大學理學部附屬基本粒子物理國際研究中心助理。1999年，被聘任為東京大學宇宙射
線研究所教授，2008年晉升為該研究所所長。

關研究室的介紹，其中對小柴研究室的介紹就只有短短的 1 行。

Galileo──只有 1 行嗎？請問內容是什麼呢？

梶田──「進行電子與正電子的碰撞實驗。」

老實說，當時連「神岡探測器」（相當於超級神岡之前身的微中子觀測裝置）、質子衰變實驗（詳情請看右頁專欄）這類的話題都還未涉及。儘管如此，我卻已經燃起「想要做基本粒子實驗」的希望。當時，在東京大學理學部有二個進行基本粒子實驗的研究室，沒有什麼特別的理由，我就選擇了小柴老師的研究室。

Galileo──建設於神岡礦山地底下的神岡探測器（KAMIOKANDE＝Kamioka Nucleon Decay Experiment）原本是用來發現質子衰變（proton decay）的實驗裝置。所以後來，「質子衰變」就成了梶田老師的研究題目了，是嗎？

梶田──是的。就在我加入小柴研究室時，神岡探測器實驗所需的「光電倍增管」（偵測光的裝置）剛好有了一點眉目。我在讀碩士班一年級的時候，還是在挖掘放置神岡探測器的洞穴的階段。從這點來看，在神岡探測器的初期階段，老師就已經給我參與計畫的機會了。

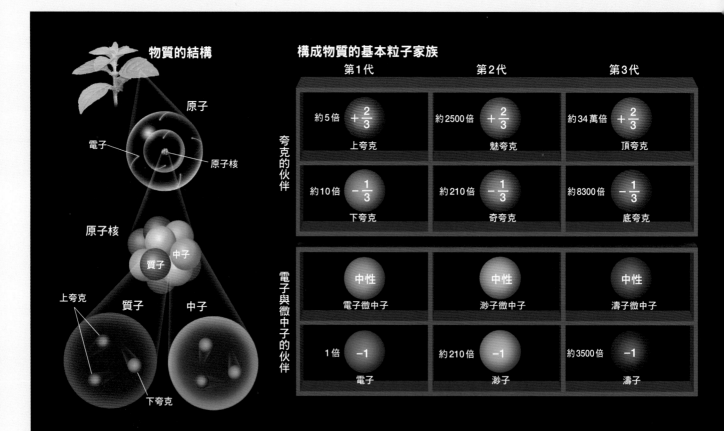

構成物質的基本粒子家族

左為構成我們周遭物質的原子結構。右為構成物質的基本粒子一覽表。又，所謂基本粒子係指無法再分割的自然界「最小零件」。除了上夸克、下夸克、電子以外，還有一些雖不是構成物質的基本粒子，但是能在基本粒子的實驗設施（加速器）中以人工方式製造出來，或者是當宇宙射線（來自宇宙的放射線）與大氣發生碰撞時所產生的。夸克的伙伴以及電子與微中子的伙伴（輕子）都有 6 種。插圖中粒子的數字是將電子所帶電荷當作－1，以此為基準所表示的各粒子電荷。此外，微中子的伙伴（電子微中子、渺子微中子、濤子微中子）不帶電荷。再者，標示在各基本粒子左邊的數字為以電子的質量（9.1×10^{-28}公克）為基準，顯示各粒子所具質量為電子的幾倍。目前已知微中子的質量非常小，不過還不清楚其質量值。

比我高2屆的有坂學長（有坂勝史，現為美國加州大學教授）正在撰寫質子衰變實驗的碩士論文，其後也繼續努力撰寫質子衰變方面的博士論文。他當時就問我：「要不要一起做呢？」，在他的勸誘下，我就跟著做了。

興趣轉移到「干擾者」微中子身上

Galileo——能否請您談談後來轉移到微中子研究的原委呢？

梶田——讀研究所時，我一直在做神岡探測器的質子衰變實驗，博士論文也是質子衰變的探索。

後來，非常感恩的是我被錄取成為小柴老師研究設施的助理。如此一來，我就有較多一點的時間，可以針對博士論文中較不滿意的部分進行修正和改善。為了能更好的探索質子衰變，我著手進行程式的改良。

在質子衰變的背景（干擾實驗觀察標的現象之訊號）「大氣微中子[※2]」的資料方面，過去雖然寫了程式來觀察，但是結果跟預想的全然不符。

我根據各種理論和實驗結果建構模型，設定微中子應該會進入神岡探測器的水槽中與水分子發生交互作用。並且更進一步模擬因為交互

再更詳細一點！　大一統理論所預言的「質子衰變」

所謂「質子衰變」（proton decay）是質子衰變成多個質量較輕粒子的現象。如果只以基本粒子物理學的基礎「標準理論」的框架來思考，質子並不會自發性地發生衰變，因為「標準理論」認為構成質子的夸克不會直接變化成為「輕子」這種有別於夸克的基本粒子（同樣地，也不會從輕子變化成為夸克）。但是，有人認為這樣的理論並不適用於宇宙剛誕生的時期。這個時期的宇宙，處於現在無可比擬的高能量狀態，在這樣的環境中，夸克和輕子成為一群基本粒子，彼此之間會互相頻繁地變化。這是依據與標準理論不同的「大一統理論」（112頁）所做的預測。

大一統理論在理論上已經獲得相當大的成果，但想要利用實驗來驗證大一統理論的正確性，則是非常困難的任務。大一統理論是適用於宇宙剛誕生的狀態的理論，因此，如果要利用實驗來驗證這個理論，必須重現一個與宇宙剛誕生時期同等程度的高能量狀態。但是，這樣的高能量狀態，與現今最高性能的基本粒子加速器能夠重現的能量值，有著10個數量級以上的落差。不要說現在，就是未來，恐怕也無法如實地重現。

不過，在基本粒子的世界裡，有許多以我們的日常感覺無法去理解的奇妙「規則」。在極偶然的機率裡，在非常短的時間內，在非常微小的空間中，是有可能出現媲美宇宙初期的超高能量狀態。這也就表示，質子是有可能發生衰變的（下面插圖的2～4）。質子衰變如果在超超神岡探測器的水槽內部發生，就會產生質子和兩個光子所特有的樣式的契忍可夫光（下面插圖5）。如果能觀測到這種契忍可夫光，將會是有史以來第一次利用實驗直接證明超越標準理論的大一統理論的世界確實存在。神岡探測器、超級神岡探測器將質子衰變的觀測設定為目標，但始終無法觀測到[※]，計畫中的「超超神岡探測器」（Hyper-Kamiokande）也以此為重大目標。

＊：由於目前仍未能觀測到質子衰變，因此確認質子的壽命至少超過10^{34}年，因此有多個大一統理論的模型遭到否決。

1.
夸克
夸克
夸克
質子

2.
夸克
X玻色子

3.
夸克
反夸克
π介子
正電子

4.
已被放出的正電子
光子
π介子消滅

5.
契忍可夫光
電子和正電子
正電子
電子和正電子
契忍可夫光

1. 質子
質子是由三個夸克組成，呈十分穩定的狀態。在超超神岡探測器裡面，準備了大量的水，並且監控水分子所含的質子。1個水分子中共含有10個質子。

2. 兩個夸克起反應而變成X玻色子
在非常低的機率下，質子中的夸克有兩個起反應，變成稱為「X玻色子」的粒子（這是在標準理論的框架內不會發生的反應，不過在基本粒子的世界裡，是有可能在一瞬之間滿足條件而產生的），另一個夸克沒有發生變化。

3. X玻色子發生衰變
X玻色子立即發生衰變，成為夸克和一種輕子「正電子」。新形成的夸克又和原有留存的夸克起反應，成為「π介子」。

4. π介子衰變成二個光子
π介子立即衰變成二個光子（與原來的質子相較，是從三個夸克生成正電子〔一種輕子〕和二個光子〔質子衰變〕。又，質子衰變也可能經由其他的反應途徑獲得）。最初飛出的正電子和二個光子會朝大致相反的方向飛走。其後，二個光子進一步產生電子和正電子。

5. 產生三道契忍可夫光
電子和正電子是帶電粒子，在因質子衰變而產生的時候，在水中行進的速度超過光的速度，所以總共會有三道契忍可夫光，在約略同一時間，從差不多相同的位置產生。如果觀測到如插圖所示的，一道契忍可夫光和方向大致相反的兩道契忍可夫光成為一組的樣式，就有可能是質子衰變的結果。

※2：當宇宙射線（來自宇宙的放射線。主要是高速的質子）與地球大氣中的空氣分子碰撞時，會產生各種粒子，其中也包括微中子。在這種情形下產生的微中子稱為「大氣微中子」。請參考135頁插圖。

作用而產生契忍可夫光（也稱契忍可夫輻射，Cherenkov radiation）的情形（請參考下面插圖）。然而我卻發現實際的觀測資料與模擬結果有相當大出入。就是這樣的契機，我一下子就切換到微中子的研究了。

Galileo——在神岡探測器觀測中，聽說所能觀測到的大氣微中子數量僅是理論預測值的 6 成左右。雖然我們現在已經知道這是因為「微中子振盪」（請參考132頁插圖），也就是「渺子微中子」（也稱渺微中子，muon neutrino，請參考右頁插圖）會轉變成很難觀測到的「濤子微中子」（也稱濤微中子，tau neutrino）的緣故，但是在梶田老師探索神岡探測器之觀測資料的當時，是否立即想到這是意味著微中子振盪呢？

梶田——我的確立即就想到微中子振盪也是一個可能性。不過老實說，在當時很難一口咬定就是微中子振盪。

Galileo——在當時，實際上有可能會發生微中子振盪現象這件事是眾所皆知的「常識」嗎？

梶田——因為中川昌美、坂田昌一、牧二郎、龐蒂科夫（Bruno Pontecorvo，1913～1993）等非常先驅的研究，因此應該會發生這種現象是廣為周知的。

Galileo——僅是藉由神岡探測器的觀測就提出發生微中子振盪的假說，似乎並沒有獲得學界的支持，這是為什麼呢？

梶田——當時，雖然已經知道「夸克混合」（quark mixing）[3]，不過（不同種類的夸克）僅

何謂契忍可夫光？

在水中，光速減緩到只有真空中的75%左右。光在真空中的行進速度（每秒約30萬公里）是自然界中的最高速度，任何物質的速度皆無法超越。不過，在水中的光速是可以超越的。微中子與水分子碰撞或是質子衰變時都會產生帶電粒子（電子、渺子等），這些粒子在水中的速度有可能超過光在水中的速度。當飛機的飛行速度超過聲速時會產生震波（也稱衝擊波，shock wave），當電子等帶電粒子在水中的速度超越光速時，同樣也會產生「光的震波」，這就是契忍可夫光。只要設置在神岡探測器和超級神岡探測器水槽壁面上的光偵測器（光電倍增管）捕捉到契忍可夫光，即可間接地偵測到微中子的到來和質子衰變。

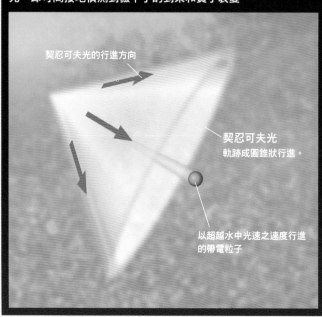

契忍可夫光的行進方向

契忍可夫光
軌跡成圓錐狀行進。

以超越水中光速之速度行進的帶電粒子

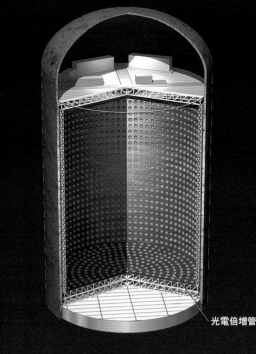

光電倍增管

超級神岡探測器

上面插圖為設置在日本岐阜縣飛驒市神岡礦山地底下1000公尺的超級神岡探測器（為能看到內部狀況，故以剖面圖呈現）。在直徑39.3公尺、高41.4公尺的水槽中裝了大約 5 萬公噸的純水。利用裝設在水槽壁面的光電倍增管偵測罕有的微中子與水分子碰撞產生的「契忍可夫光」。又，超級神岡探測器的前身「神岡探測器」水槽所盛裝的純水量大約是4500公噸。

※3：不同種類的夸克成機率混合的狀態
（一種量子力學的「重疊狀態」）。

是些微混合而已。

　如果微中子的世界也符合的話，那麼在微中子振盪中，舉例來說，最初渺子微中子變成濤子微中子的比例應該很少，我想大家應該都能相信。

Galileo——換句話說，是從夸克混合現象類推，才想到微中子振盪的嗎？

梶田——是的，就是類推。在說明神岡探測器的現象時，我們必須期待渺子微中子在某種情況下會全部轉變為濤子微中子，然後又變回渺子微中子。然而這種所能想像的最大效果，就當時的常識而言卻是「應該不會有這樣的事」。

Galileo——現在來看，當時大多數的研究者都被先入為主的觀念所束縛了。

梶田——另外，我們的論文是在1988年發表的，

而1989年到1990年左右，歐洲有二個實驗團隊得到「不！微中子並沒有減少，完全就跟預測的一樣」的結果。

Galileo——看來，他們的實驗結果也是大家無法立即接受發生微中子振盪的原因之一。這二個與神岡探測器的觀測資料不一致的實驗結果，最後是錯誤嗎？

梶田——老實說，他們為什麼會得出那樣的結果，我也不知道。

支撐梶田博士成就的眾多研究者

Galileo——其後，我們知道超級神岡探測器又累積了大量的觀測資料。聽說在1998年於岐阜縣高山市舉辦的「微中子物理學暨宇宙物理學國際會

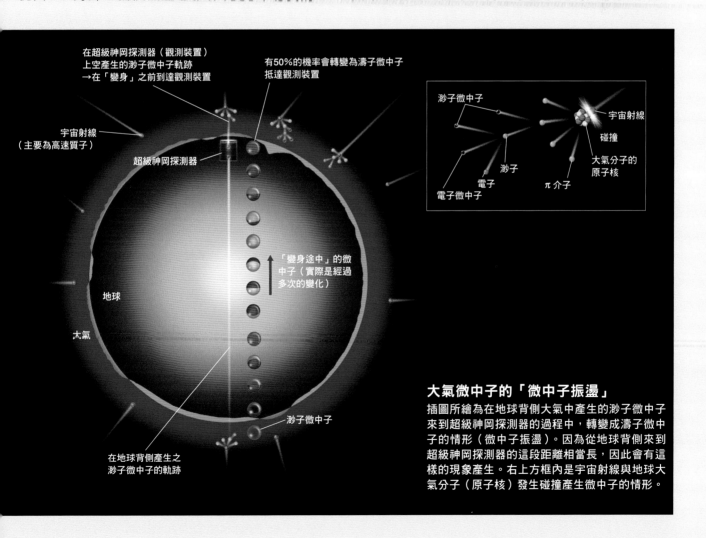

大氣微中子的「微中子振盪」

插圖所繪為在地球背側大氣中產生的渺子微中子來到超級神岡探測器的過程中，轉變成濤子微中子的情形（微中子振盪）。因為從地球背側來到超級神岡探測器的這段距離相當長，因此會有這樣的現象產生。右上方框內是宇宙射線與地球大氣分子（原子核）發生碰撞產生微中子的情形。

議」中，當報告到微中子振盪時，會場中所有的人都起立鼓掌。僅是經過10年的時間，學界的評價為何會如此巨幅改變呢？請問是否有什麼樣的背景？

梶田——91年、92年，美國的實驗資料得出與神岡探測器之解析結果十分相似的實驗結果。而且從那時候開始，神岡探測器也逐漸累積了一些踏實的實驗結果，因此我認為相關領域的研究者們也開始朝「也許真的會發生微中子振盪」的方向思考。

後來在98年的時候，我們盡可能從各式各樣的角度來看各種資料，無論怎麼看都覺得與微中子振盪並無矛盾，所以我們認為大家應該也都可以認可這樣的結論。

Galileo——您在報告時，竟然獲得全場的起立喝采，您當時的心情如何呢？

梶田——老實說，我覺得震驚。因為在過去10年間，大家雖然對我們的實驗感興趣，但是對結果都是半信半疑。因此，對於大家這種「結果肯定沒有錯」的反應，我實在感到相當吃驚與震撼。

Galileo——在諾貝爾物理學獎發表後的記者招待會上，您一再強調小柴老師和戶塚洋二老師[4]的貢獻厥偉。在使用像超級神岡探測器這樣巨大實驗裝置的研究中，我想應該還有其他許許多多的人都做了各式各樣的貢獻。除了小柴老師和戶塚老師以外，您認為還有什麼人也是大功臣呢？

梶田——首先，在超級神岡探測器實驗中，跟我一起匯總大氣微中子之分析的是美國波士頓大學的卡恩斯（Edward T. Kearns）博士。另外，還有從初期就一直跟我一起工作，現在已經轉到其他研究的瀧田（瀧田正人，東京大學宇宙射線研究所副教授）。

超級神岡探測器的初期運用是由戶塚老師總負責的，接下來是鈴木洋一郎博士（東京大學國際高等研究所Kavli宇宙物理和數學研究所特聘教授），現在則是中畑雅行博士（東京大學宇宙射線研究所教授）。由於這麼多位人士肩負起讓裝置順暢運轉的責任，實驗團隊才能做出成果。

另外，較年輕的一代也功不可沒。在98年當時為我們寫了無數程式，現在已經40多歲的這一輩人，目前在各個領域也都扮演了重要角色。

性能優秀卓越的超級神岡探測器

✏ 再更詳細一點！
可用波形的疊加來思考微中子振盪

ν2的波形

ν3的波形

ν2與ν3
疊合的波形

濤子微中子　渺子微中子　濤子微中子　渺子微中子　濤子微中子

為什麼微中子會「變身」呢？若要詳細解說可能會非常複雜，在此我們就長話短說。目前已知的3種微中子是由3種質量不同的微中子混合而成。在這裡，我們假設這3種微中子為ν1、ν2和ν3。

根據微觀世界的物理法則量子論，基本粒子既具有像粒子般的性質，同時又有像波一般的性質。若微中子具有「波」的性質，那我們可以將電子微中子、渺子微中子、濤子微中子想成分別是「ν1、ν2、ν3波的疊合」。

由於ν1、ν2、ν3分別具有不同的質量（假設），而基本粒子的波週期會因質量而改變，因此波的週期會略有不同。因為週期不同，所以將ν1、ν2、ν3疊合之波的波形會重複相同模式的變化（上面插圖為重疊2種微中子[ν2、ν3]時的示意概念）。

這疊合波的波形，與在觀測微中子之際，或被觀測到是電子微中子、或被觀測到是渺子微中子或是濤子微中子的機率有關。而該波形的週期變化可以想成相當於微中子振盪。

※4：戶塚洋二博士是繼小柴博士之後在建設超級神岡這件事上，扮演指導者角色的人物。在2008年因大腸癌死亡，一般認為如果他仍活著的話，應該會跟梶田博士一同榮獲諾貝爾獎。

Galileo——從神岡探測器捕捉到類似微中子振盪的現象到獲得學界承認的這10年間，國際上是否有足以構成威脅的競爭團隊呢？

梶田——神岡探測器時代多少還會擔心其他團隊的實驗，但是在開始超級神岡探測器實驗之後，我們可以說已經沒有敵手了。

Galileo——完成性能卓越的超級神岡探測器果然意義重大。

梶田——是的。若往前回溯的話，當時小柴老師提議「繼神岡探測器之後，必須要有這樣等級的規格（超級神岡探測器）」，而接受該規格，並將之實現的是戶塚老師。我認為他們在完成超級神岡探測器這件事上所扮演的角色實在意義重大。

Galileo——小柴老師在獲頒諾貝爾物理學獎之際，委託現在的濱松光子學公司開發的「光電倍增管」（photomultiplier tube，PMT）成為一大話題。現在超級神岡探測器也是使用濱松光子學公司製的光電倍增管，請問是否做了某些改良？

梶田——光電倍增管的靈敏度的確很高，連只是一個光子（光的基本粒子）進入都可以捕捉到訊號。不過，這一個訊號在神岡探測器時代，很難判斷究竟是一個光子還是二個光子，現在這一點已經改良了。

太陽微中子的觀測證實了微中子振盪

Galileo——本次同獲諾貝爾物理學獎的麥唐納（Arthur B. McDonald）博士觀測到來自太陽的微中子發生微中子振盪現象。您對麥唐納博士的成就有什麼樣的評價呢？

梶田——我認為他的成果實在是太棒了。他製造出能夠解決太陽微中子難題（solar neutrino problem）[5]的裝置，且能達到他想要的目的，我認為這是非常了不起的。

Galileo——麥唐納博士所使用的觀測裝置跟超級神岡探測器究竟有什麼樣的差別呢？

梶田——具體來說，其觀測器跟超級神岡探測器

上面照片是超級神岡探測器的內側壁面裝設光電倍增管的情形（攝於2005年12月）。光電倍增管的直徑約50公分，為東京大學宇宙射線研究所與濱松光子學公司共同開發。

最大的不同點在於所使用的不是水，而是「重水」（heavy water）。

Galileo——所謂重水就是組成水分子的氫原子比平常的氫原子還要重，亦即由「重氫」原子所組成的水囉！

梶田——是的。就是擁有由質子與中子組成之原子核，質量較大的氫原子（氘）。使用重水的觀測裝置會與來自太陽的微中子，不管是電子微中子還是渺子微中子、濤子微中子都能反應。另一方面，也能觀測只與電子微中子反應的現象。

Galileo——換句話說，這個觀測裝置與超級神岡探測器最大不同就是它具有使用重水的特徵囉！

梶田——比較這二個反應可以得知所有微中子中的電子微中子占了多少比例。實際進行實驗後得知所占百分比大約是30%。太陽絕對僅能產生電子微中子，因此我們知道在來到地球的過程中，微中子的型態肯定發生轉變了。

Galileo——太陽理論已經相當確立了，所以太陽只會產生電子微中子這件事是毋庸置疑的嗎？

梶田——毫無疑問的。

※5：在太陽中心區域因核融合反應會產生電子微中子。1960年代科學家就已經發現一個問題：在地球上觀測太陽所產生的電子微中子時，觀測到的數量遠比理論所預測的數量少很多，這就是「太陽微中子難題」。

微中子質量極小！這就是問題！

Galileo——發現微中子振盪似乎意味著微中子具有質量。微中子振盪與微中子的質量究竟具有什麼樣的關係呢？

梶田——（根據狹義相對論）物體的移動速度越快，（與物體一起移動的）時鐘進程越慢。當速度提高到接近光速時，時鐘變得幾乎停止不動了。

倘若物體完全以光速行進，與它一起行進的時鐘就完全靜止了。如果時鐘完全靜止不動，就成了凍結的世界，就不會發生微中子的種類轉變這樣的現象了。

然而，（根據實際觀測，微中子的）種類發生改

原本所有的基本粒子質量均為零

光子
電子
上夸克
W 玻色子（傳遞「弱力」的基本粒子）

由於所有的基本粒子質量均為零，因此皆以自然界最高速度——光速（每秒約 30 萬公里）行進。

由於希格斯場的「阻力」，基本粒子獲得質量

光子
電子
上夸克
W 玻色子

將希格斯場以水的意象來表現

由於產生希格斯場「阻力」的關係，幾乎所有的基本粒子皆無法以光速行進。

何謂賦予基本粒子質量的「希格斯機制」？

根據基本粒子物理學的標準理論及宇宙論的研究認為，在甫誕生的宇宙中，所有基本粒子的質量（靜質量）均為零，皆能以自然界的最高速度「光速」前進（插圖上半部分）。但是，後來在某個時刻，時空經歷轉變，空間轉變成充滿「希格斯場」（Higgs field）的性質，而依基本粒子種類的不同，會產生不同程度的「阻力」（插圖下半部分），結果幾乎所有的基本粒子都無法以光速行進了。希格斯場所造成的「阻力」即為基本粒子的質量（表運動之困難度的物理量），而這種基本粒子獲得質量的機制就稱為「希格斯機制」。

變，表示在行進間時鐘是在走的，亦即微中子的行進速度並非光速。反過來說，因為只有沒有質量的物體才能以光速飛行，只要飛行速度不是光速，就表示微中子是有質量的。

Galileo——在基本粒子物理學的基礎「標準理論」中，似乎將微中子的質量視為零。現在則發現微中子是有質量的，在物理學上具有什麼樣的重要性呢？

梶田——的確，在「標準理論」的框架下，微中子的質量為零。不過，另一方面我認為研究基本粒子的人大約從1970年代後半到1980年左右，就已經有想法認為：「就算微中子具有質量也不是件什麼奇怪的事」。

Galileo——微中子具有質量這件事難道不會從根本將整個標準理論推翻嗎？

梶田——不會。你也許會問我那為什麼發現微中子具有質量會引起這樣大的騷動呢？原因在於微中子的質量與其他的基本粒子，像是夸克和電子的家族成員相較，質量簡直小到微不足道。

Galileo——究竟有多小呢？

梶田——跟其他基本粒子中質量最輕的電子相比較，它大約只有電子的1000萬分之1。或者是跟最重的「頂夸克」（top quark）相較，連最重的微中子都比頂夸克小（輕）了12個位數以上，也就是頂夸克的 1 兆分之 1 以下。

這究竟意味了什麼呢？這可能意味了產生微中子質量的機制恐怕跟夸克及其伙伴，以及電子跟它的伙伴的質量產生機制是不同的。也就是恐怕在標準理論的框架中無法說明微中子質量的產生，因此我們認為極其重要。

Galileo——一提到基本粒子獲得質量的機制，應該會浮起在2013年諾貝爾物理學獎時蔚為話題的「希格斯機制」（Higgs mechanism，請參考左邊插圖）。微中子的質量也是因為希格斯機制產生的嗎？

梶田——如果認為同樣都是因為希格斯機制而產

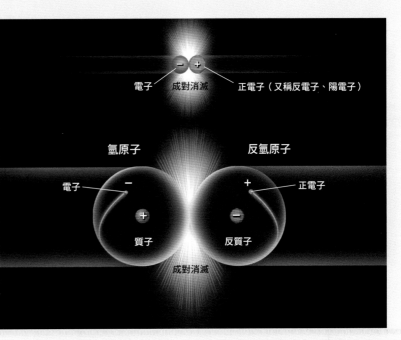

消失的反物質之謎

質量、壽命、自旋等性質都與正常粒子相同，但是所有的內部相加性量子數（比如電荷、重子數、奇異數等）都與正常粒子大小相同、符號相反的基本粒子稱為「反粒子」（antiparticle）。當粒子與對應的反粒子遭遇時，就會放出能量而消滅（成對消滅）。現在我們已經知道粒子與反粒子一定是成對產生（pair creation）、成對消滅（pair annihilation）。在宇宙誕生的大霹靂時，也應該是誕生相同數量的粒子與反粒子。但是，現在宇宙中幾乎不存在反粒子。

解開此謎團的線索在於：有說法認為「由於粒子與反粒子的行為有差異現象（CP對稱性破缺），所以應該是某種緣故導致粒子與反粒子的數量失衡，而逃過消滅之命運的粒子形成了現在的宇宙。」事實上，夸克及其反粒子「反夸克」（antiquark）的行為差異（CP對稱性破缺），已經獲得證實。然而在現今宇宙的失衡之中，能藉此說明的只是極少一部分的量而已。因此有科學家提出假說，認為微中子和反微中子的行為差異是導致大部分失衡的原因。這項假說也成為現在十分有力的說法。

電子　成對消滅　正電子（又稱反電子、陽電子）

氫原子　反氫原子

電子　正電子

質子　反質子

成對消滅

生質量的，那麼質量也差距太大了，因此我們認為或許有其他別的原因，也就是有別於標準理論之希格斯機制的其他某種機制，而產生如此之小的質量。因為微中子的質量是如此不自然的小，因此我認為大概是不同的機制吧！

微中子掌握「反物質之謎」的關鍵

Galileo——說到「反物質（請參考上面插圖）為什麼幾乎不存在於我們宇宙之中？」這個物理學上的長年之謎，似乎藉著調查微中子與反微中子之微中子振盪的差異，有可能得到線索。我們聽說超級神岡探測器和下一代的「超超神岡探測器※6」其中一個研究目標就是這方面。

梶田——宇宙是以熾熱的「大霹靂」（Big Bang）形式誕生的，後來逐漸冷卻，成為現在的宇宙。科學家認為在非常熾熱的宇宙最初階段，製造出來之物質與反物質的量應該是一樣的。

然後在逐漸冷卻的過程中，在宇宙的某處只能留下物質之「本」，而這樣的結果可能與微中子有關，這樣的想法相當有力。科學家們期待微中子物理能夠解開宇宙物質起源之謎。

研究使人無比快樂

Galileo——倘若讓梶田老師回顧自己的研究生涯，您的主要印象是什麼呢？

梶田——能夠闡明在此之前人類都不知道的自然現象，這種快樂沒有任何東西可以比擬。

Galileo——Galileo的讀者中，有很多將來可能會朝科學方面發展的國中生和高中生，您能否給予他們一些建議和訊息呢？

梶田——我在從事基礎科學研究時絕對是心無旁騖，不會考慮太多其他方面的事。我個人認為基於真的純粹只是想要瞭解自然並解開自然界之謎的好奇心來從事科學研究，與擴展人類全體的知識地平線息息相關。

倘若有人真的熱切想要闡明自然界中各種神奇的現象，或是想要理解自然界的神奇之處，那麼我認為就不需要任何的躊躇，趕快進入科學的世界吧！

Galileo——很高興您接受我們的訪問，謝謝。　◑

※6：直徑74公尺，高60公尺的圓筒形水槽中盛裝純水的實驗裝置。用以偵測微中子的容積約是超級神岡的10倍，因此偵測效率也約提高了10倍。除了觀測微中子之外，也打算偵測質子衰變。目標是希望可於2020年代後半展開實驗，目前計畫正在如火如荼地進行中。

人人伽利略 科學叢書 01

太陽系大圖鑑

徹底解說太陽系的成員以及
從誕生到未來的所有過程！　　　　售價：450元

　　本書除介紹構成太陽系的成員外，還藉由精美的插畫，從太陽系的誕生一直介紹到末日，可說是市面上解說太陽系最完整的一本書。在本書的最後，還附上與近年來備受矚目之衛星、小行星等相關的報導，以及由太空探測器所拍攝最新天體圖像。我們的太陽系就是這樣的精彩多姿，且讓我們來一探究竟吧！

人人伽利略 科學叢書 02

恐龍視覺大圖鑑

徹底瞭解恐龍的種類、生態和
演化！830種恐龍資料全收錄　　售價：450元

　　本書根據科學性的研究成果，以精美的插圖重現完成多樣演化之恐龍的形貌和生態。像是恐龍對決的場景等當時恐龍的生活狀態，書中也有大篇幅的介紹。

　　不僅介紹暴龍和蜥腳類恐龍，還有形形色色的恐龍登場亮相。現在就讓我們將時光倒流到恐龍時代，觀看這個遠古世界即將上演的故事吧！

人人伽利略 科學叢書 03

完全圖解元素與週期表

解讀美麗的週期表與
全部118種元素！　　售價：450元

　　所謂元素，就是這個世界所有物質的根本，不管是地球、空氣、人體等等，都是由碳、氧、氮、鐵等許許多多的元素所構成。元素的發現史是人類探究世界根源成分的歷史。彙整了目前發現的118種化學元素而成的「元素週期表」可以說是人類科學知識的集大成。

　　本書利用豐富的插圖以深入淺出的方式詳細介紹元素與週期表，讀者很容易就能明白元素週期表看起來如此複雜的原因，也能清楚理解各種元素的特性和應用。

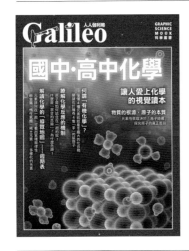

人人伽利略 科學叢書 04

國中・高中化學　讓人愛上化學的視覺讀本　　售價：420元

　「化學」就是研究物質性質、反應的學問。所有的物質、生活中的各種現象都是化學的對象，而我們的生活充滿了化學的成果，了解化學，對於我們所面臨的各種狀況的了解與處理應該都有幫助。

　本書從了解物質的根源「原子」的本質開始，再詳盡介紹化學的導覽地圖「週期表」、化學鍵結、生活中的化學反應、以碳為主角的有機化學等等。希望對正在學習化學的學生、想要重溫學生生涯的大人們，都能因本書而受益。

人人伽利略 科學叢書 05

全面了解人工智慧　從基本機制到應用例，以及未來發展　　售價：350元

　人工智慧雖然方便，但是隨著 AI 的日益普及，安全性和隱私權的問題、人工智慧發展成智力超乎所有人類的「技術奇點」等令人憂心的新課題也漸漸浮上檯面。

　本書從人工智慧的基本機制到最新的應用技術，以及 AI 普及所帶來令人憂心的問題等，都有廣泛而詳盡的介紹與解說，敬請期待。

售價：350元

人人伽利略 科學叢書 06

全面了解人工智慧　工作篇　醫療、經營、投資、藝術……，AI逐步深入生活層面

　讀者中，可能有人已養成每天與聲音小幫手「智慧音箱」、「聊天機器人」等對話的習慣。事實上，目前全世界各大企業正在積極開發的「自動駕駛汽車」也搭載了AI，而在生死交關的醫療現場、災害對策這些領域，AI也摩拳擦掌地準備大展身手。

　我們也可看到 AI 被積極地引進商業現場。在彰顯人類特質的領域，舉凡繪畫、小說、漫畫、遊戲等藝術和娛樂領域，也可看到 AI 的身影。

人人伽利略 科學叢書 07

身體的科學知識 體質篇

與身體有關的
常見問題及對策　　售價：400元

究竟您對自己身體的機制了解多少呢？

本書嚴選了生活中與我們身體有關的50個有趣「問題」，並對這些發生機制和對應方法加以解說。只要了解身體的機制和對應方法，相信大家更能與自己的身體好好相處。不只如此，還能擁有許多可與人分享的「小知識」。希望您在享受閱讀本書的同時，也能獲得有關正確的人體知識。

人人伽利略 科學叢書 08

身體的檢查數值

詳細了解健康檢查的
數值意義與疾病訊號　　售價：400元

健康檢查不僅能夠發現疾病，還是矯正我們生活習慣的契機，是非常重要的檢查。

本書除了解讀健康檢查結果、自我核對檢查數值、藉檢查瞭解疾病之外，還將檢查結果報告書中檢查數值出現紅字的項目，羅列醫師的忠告，以及癌症健檢的內容，希望對各位讀者的健康有幫助。敬請期待。

人人伽利略 科學叢書 09

單位與定律　完整探討生活周遭的單位與定律！　　售價：400元

本國際度量衡大會就長度、質量、時間、電流、溫度、物質量、光度這7個量，制訂了全球通用的單位。2019年5月，針對這些基本單位之中的「公斤」、「安培」、「莫耳」、「克耳文」的定義又作了最新的變更，讓我們一起來認識。

本書也將對「相對性原理」、「光速不變原理」、「自由落體定律」、「佛萊明左手定律」等等，這些在探究科學時不可或缺的重要原理和定律做徹底的介紹。請盡情享受科學的樂趣吧！

人人伽利略 科學叢書 10

用數學了解宇宙

只需高中數學就能
計算整個宇宙！　　　　售價：350元

　　每當我們看到美麗的天文圖片時，都會被宇宙和天體的美麗所感動！遼闊的宇宙還有許多深奧的問題等待我們去了解。

　　本書對各種天文現象就它的物理性質做淺顯易懂的說明。再舉出具體的例子，說明這些現象的物理量要如何測量與計算。計算方法絕大部分只有乘法和除法，偶爾會出現微積分等等。但是，只須大致了解它的涵義即可，儘管繼續往前閱讀下去瞭解天文的奧祕。

人人伽利略 科學叢書 11

國中・高中物理

徹底了解萬物運行的規則！　　售價：380元

　　物理學是探究潛藏於自然界之「規則」（律）的一門學問。人類驅使著發現的「規則」，讓探測器飛到太空，也藉著「規則」讓汽車行駛，也能利用智慧手機進行各種資訊的傳遞。倘若有人對這種貌似「非常困難」的物理學敬而遠之的話，就要錯失了解轉動這個世界之「規則」的機會。這是多麼可惜的事啊！

人人伽利略 科學叢書 12

量子論縱覽

從量子論的基本概念到量子電腦　　售價：450元

　　本書是日本Newton出版社發行別冊《量子論增補第4版》的修訂版。本書除了有許多淺顯易懂且趣味盎然的內容之外，對於提出科幻般之世界觀的「多世界詮釋」等量子論的獨特「詮釋」，也用了不少篇幅做了詳細的介紹。此外，也收錄了多篇深入淺出地介紹近年來急速發展的「量子電腦」和「量子遙傳」的文章。

　　接下來，就讓我們一起來享受這趟量子論的奇妙世界之旅吧！

【 人人伽利略系列 18 】

超弦理論
與支配宇宙萬物的數學式

作者／日本Newton Press
執行副總編輯／賴貞秀
編輯顧問／吳家恆
翻譯／賴貞秀
校對／邱秋梅
商標設計／吉松薛爾
發行人／周元白
出版者／人人出版股份有限公司
地址／231028 新北市新店區寶橋路235巷6弄6號7樓
電話／（02）2918-3366（代表號）
傳真／（02）2914-0000
網址／www.jjp.com.tw
郵政劃撥帳號／16402311 人人出版股份有限公司
製版印刷／長城製版印刷股份有限公司
電話／（02）2918-3366（代表號）
經銷商／聯合發行股份有限公司
電話／（02）2917-8022
第一版第一刷／2020年10月
定價／新台幣400元
　　　港幣133元

國家圖書館出版品預行編目（CIP）資料

超弦理論：與支配宇宙萬物的數學式／
日本Newton Press作；賴貞秀翻譯. -- 第一版. --
新北市：人人, 2020.10
面；公分. —（人人伽利略系列；18）
譯自：超ひも理論と宇宙のすべてを支配する数式
ISBN 978-986-461-227-7（平裝）
1.理論物理學 2.數學
331　　　　　　　　　　　　　109014630

Staff

Editorial Management	木村直之
Editorial Staff	疋田朗子

Photograph

6	（アインシュタイン）Arguelles/Transcendental Graphics/Getty Images, （マクスウェル）Science Photo Library/アフロ, （楊）SPL/PPS通信社	23	Bart Harris/アフロ/Newton Press	62	安友康博/Newton Press
7	（ディラック）Roger-Viollet/アフロ, （南部）Bart Harris/アフロ/Newton Press, （ヒッグス）Eyevine/アフロ, （湯川）AP/アフロ	25	米谷民明, Kimberly White/Getty Images for Breakthrough Prize	66	JAXA宇宙科学研究所
		32	KITP	119	安友康博/Newton Press
		51~54	花森 広/Newton Press	124	Bart Harris/アフロ/Newton Press
		57	Mat Szwajkos/Novus Select/Newton Press	131	安友康博/Newton Press
				137	東京大学宇宙線研究所 神岡宇宙素粒子研究施設

Illustration

Cover Design	デザイン室 宮川愛理 （イラスト：Newton Press）		(land surface, shallow water, clouds) .Enhancements by Robert Simmon (ocean color, compositing, 3D globes, animation). Data and technical support: MODIS Land Group; MODIS Science Data Support Team; MODIS Atmosphere Group; MODIS Ocean Group Additional data: USGS EROS Data Center (topography); USGS Terrestrial Remote Sensing Flagstaff Field Center (Antarctica) ; Defense Meteorological Satellite Program (city lights)	100~103	髙島達明, 【数式デザイン】Newton Press, 【橋本教授キャラクター】Newton Press（原案：高尾綾子, そりうし：Mt.MK）
2	Newton Press, Newton Press（カラビ＝ヤウ空間：Andrew J. Hanson, Indiana University and Jeff Bryant, Wolfram Research, Inc.）			104-105	髙島達明/Newton Press, 【数式デザイン】Newton Press, 【橋本教授キャラクター】Newton Press（原案：高尾綾子, そりうし：Mt.MK）
3~9	Newton Press			
10-11	吉原 成行			106-107	髙島達明, 【数式デザイン】Newton Press, 【橋本教授キャラクター】Newton Press（原案：高尾綾子, そりうし：Mt.MK）
12~25	Newton Press			
26-27	Newton Press（カラビ＝ヤウ空間：Andrew J. Hanson, Indiana University and Jeff Bryant, Wolfram Research, Inc.）			108~113	Newton Press
				114-115	吉原 成行
28~35	Newton Press	42~76	Newton Press	117	Newton Press（天体画像：ESO/T. Preibisch）
36-37	Newton Press（地図のデータ：Reto Stöckli,NASA Earth Observatory）	77	Newton Press（参考写真：CERN）	120~136	Newton Press
		78~79	Newton Press	138	富﨑NORI
38-39	Newton Press	81	Newton Press（天体画像：ESO/T. Preibisch）	139	Newton Press
40-41	Newton Press（地球：Reto Stöckli, NASA Earth Observatory, 雲：NASA Goddard Space Flight Center Image by Reto Stöckli	82~99	Newton Press, 【橋本教授キャラクター】Newton Press（原案：高尾綾子, そりうし：Mt.MK）	表4	Newton Press